故宮裏的大怪獸

MONSTERS IN THE FORBIDDEN CITY

② 惡魔龍的真相

常怡 ✳ 著

中 華 教 育

故宮裏的大怪獸❷
❀ 惡魔龍的真相 ❀

常怡／著
麼麼鹿／繪

責任編輯	梁潔瑩
裝幀設計	陳淑娟
排　版	陳先英
地圖繪製	蔣和平
印　務	劉漢舉

出版　中華教育

香港北角英皇道四九九號北角工業大廈一樓B
電話：（852）2137 2338
傳真：（852）2713 8202
電子郵件：info@chunghwabook.com.hk
網址：http://www.chunghwabook.com.hk

發行　香港聯合書刊物流有限公司

香港新界大埔汀麗路三十六號
中華商務印刷大廈三字樓
電話：（852）2150 2100
傳真：（852）2407 3062
電子郵件：info@suplogistics.com.hk

印刷　美雅印刷製本有限公司

香港觀塘榮業街六號海濱工業大廈四樓A室

版次　2020年1月第1版第1次印刷

©2020 中華教育

規格　32開（210mm×153mm）

ISBN　978-988-8674-65-7

李小雨

十一歲，小學五年級。因為媽媽是故宮文物庫房的保管員，所以她可以自由進出故宮。意外撿到一枚神奇的寶石耳環後，發現自己竟聽得懂故宮裏的神獸和動物講話，與怪獸們經歷了一場場奇幻冒險之旅。

梨花

故宮裏的一隻漂亮野貓，是古代妃子養的「宮貓」後代，有貴族血統。她是李小雨最好的朋友。同時她也是故宮暢銷報紙《故宮怪獸談》的主編，八卦程度讓怪獸們頭疼。

楊永樂

十一歲，夢想是成為偉大的薩滿巫師。因為父母離婚而被舅舅領養。舅舅是故宮失物認領處的管理員。他也常在故宮裏閒逛，與殿神們關係不錯，後來與李小雨成為好朋友。

角樓

貞順門

珍寶館　積善殿

養性殿

景祺閣

奉先殿

箭亭

神武門

御景亭

堆秀宮　摛藻堂

延禧宮

永壽宮　儲秀宮

鍾粹宮　景陽宮

景運門

欽安殿　御花園

延暉閣

位育齋

坤寧宮

乾清宮

保和殿

乾清門

中和殿

英華殿

城隍廟

建福宮花園

中正殿舊址

寶華殿

西六所

雨花閣

撫辰殿

養心殿

體順堂

儲秀宮

翊坤宮

儲秀宮

慈寧宮

慈寧宮花園

壽康宮

角樓

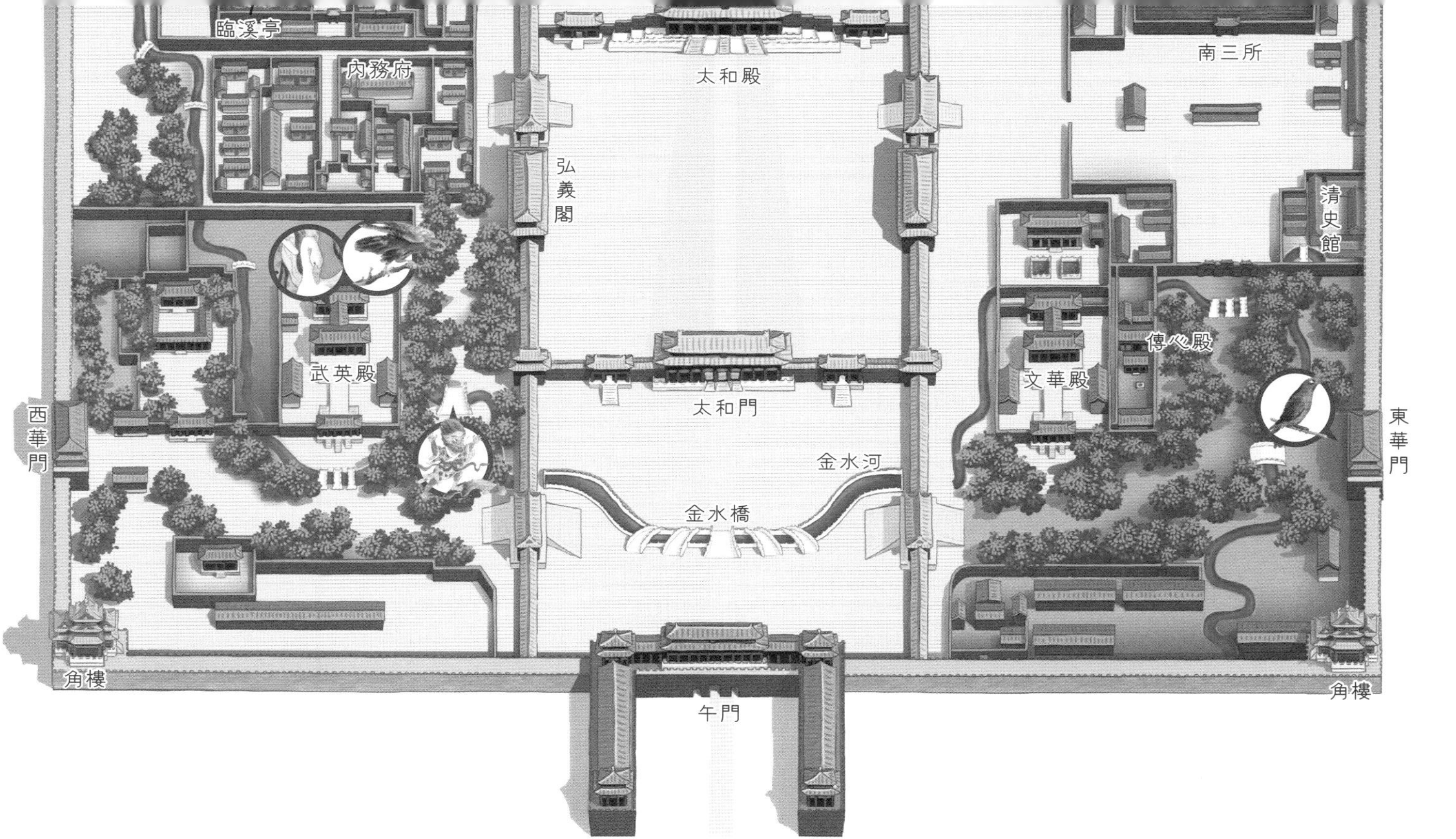

故宮怪獸地圖

東華門

角樓

清史館

南三所

傳心殿

文華殿

金水河

大和殿

大和門

金水橋

弘義閣

午門

內務府

臨溪亭

武英殿

角樓

西華門

角色檔案

應龍

中國最古老的怪獸之一。頭大而長，眼睛和耳朵很小，牙齒特別尖利，四肢強壯，脊背有刺。他長有薄膜般的翅膀，天降暴雨時會出現在故宮。

海東青

非常兇猛的獵鷹，是滿族人的圖騰，被認為是「萬鷹之神」，傳說十萬隻鷹中才會出一隻「海東青」。他擅長捕殺大雁、兔子、天鵝等，對主人十分忠誠，是金朝和元朝時貴族們最喜歡的寵物。

角色檔案

靠山獸

守在斷虹橋橋頭的怪獸，從元朝起就一直守護在這裏。他長有駱駝頭、波浪般的毛髮、修長的四肢和鋒利的龍爪。沒人記得他的名字。

夔（kuí）龍

春天時出現的怪獸，有一張年輕男人的臉和龍的身體，是獨腳怪獸。經常出現在明朝、清朝時期的瓷器上，象徵着生機勃勃的春天。

角色檔案

鬼鳥

傳說中不祥的鳥，只在夜晚出現，叫聲像行駛中的車輛發出的聲音。他真正的名字叫夜鷹，姑獲鳥、天帝女、隱飛鳥、夜遊魂等都是他的別稱。

商羊

獨足鳥，傳說中的神獸。大雨到來之前，她會跳起商羊舞，這種舞蹈能給人間帶來雨水。

角色檔案

赤烏

長有紅色羽毛的烏鴉,是象徵勝利的神鳥,常出現在皇帝出行的旗幟裏。他不小心被人類捉到,但李小雨放了他,因此得到了他送的特殊禮物。

木虎

梵宗樓裏的戰神大威德金剛的守護神獸。他突然出現在乾清宮前丹陛御道下的老虎洞附近,這在故宮裏引起了不小的騷亂。

目　錄

1
惡魔龍的真相

故宮裏流傳着一個「惡魔龍」的傳說：每當北京下大暴雨的時候，就會有一條長相可怕、扇着翅膀的惡魔龍，從故宮上方飛過。

「他的頭很大很大，嘴巴尖尖的，雖然被稱作『龍』，其實他長得更像鱷魚。喵——」野貓梨花神祕兮兮地說。

「會飛的鱷魚？」我瞪大眼睛問。

「沒錯！沒錯！」旁邊的小黑點兒插嘴說，「他的翅膀不是鳥類那種長滿羽毛的翅膀，而是蝙蝠那種黑色的、薄膜一樣的翅膀，看着都嚇人。喵——」

「不光是這樣！喵——」野貓大黃故意壓低聲音說，「他啊，眼睛和耳朵很小，牙齒特別尖利，四肢強壯，脊背上還有刺，一口就能吞下一頭牛。」

我歪着頭問：「你們說的怎麼有點兒像動畫片裏那種西方的惡龍啊？」

「行什也這麼說！」梨花接過話，「所以大家才叫他惡魔龍！喵——」

原來這個名字是行什起的，怪不得呢，他可是有史以來最喜歡看動畫片的中國怪獸。

小黑點兒搖搖頭說：「不對，不對。海馬說，他根本不是惡魔龍，而是飛魚，是海裏的怪獸。以前明朝大官的官服上就繡着飛魚。」

「飛魚？」我皺起了眉頭，說，「我見過飛魚官服，那不就是長着翅膀的龍嗎？」

「不一樣，不一樣。喵——」梨花肯定地說，「雖然有相似的地方，但和龍大人長得不一樣。」

「對了！」大黃說，「好多人說，他的樣子和我們養心殿裏展出的那座八角座鐘上的飛龍一模一樣呢，小雨要是想知道他的樣子，可以去養心殿看看。喵——」

大黃是在養心殿出生的野貓，他的媽媽是人稱「養心殿皇后」的母貓金妞。

「你們都見過這條惡魔龍嗎？」我問。

「唔……喵──」梨花搖搖頭。

「啊……沒有。喵──」小黑點兒說。

「呃……從沒見過。喵──」大黃搖着胖腦袋。

「那你們怎麼知道他的樣子？」我奇怪了。

「大家都這麼說。喵──」梨花大聲說。

「大家？你指的是誰？」

「你還記得六年前北京的那場暴雨嗎？就是淹死了人的那次。喵──」梨花問。

我點點頭，那可是北京的大新聞。一個少雨的城市，居然會有人在一場特大暴雨中被淹死。

梨花接着說：「就是在那次大暴雨中，一隻躲在坤寧宮屋簷下的黃鼠狼親眼看見了惡魔龍。不只是他，據說還有其他動物也看到了惡魔龍，或是他的身影。從此以後，一隻老烏鴉就提起了惡魔龍的傳說，再後來，怪獸們也說，故宮裏的確有一條惡魔龍。喵──」

「你認識那隻黃鼠狼？」我問。

「我還是一隻小奶貓的時候見過他，不過他在去年七月去世了。畢竟黃鼠狼的壽命只有十來年。喵──」梨花答。

「還有其他見過惡魔龍的動物嗎？」

「聽說還有，但不知道都是誰。」

「好吧，我明白了。」我說，「明天北京下大暴雨，那條惡魔龍會出現嗎？」早在兩天前，天氣預報就發出橙色預警，說北京將有一場特大暴雨來臨。

我看着身邊的野貓們，他們居然沒有一點兒害怕的樣子，每隻貓都兩眼放光。

「一定會！喵——」梨花尖叫道，「這將是《故宮怪獸談》明天最大的新聞！」

「你不怕……他吃了你？」我做了個鬼臉。

「關於這件事，還真有傳聞。」梨花做出努力思考的樣子，「聽說他在一百多年前出現時，曾經吃掉了侍衛的一匹馬！喵——」

「不對，不對，不是馬，是驢！喵——」小黑點兒一個勁兒地搖頭。

「侍衛哪有騎驢的？」大黃反駁他，「我聽說，是吃掉了一個宮女！那條惡魔龍只吃沒結婚的少女。喵——」

「少女？」我打了個冷戰，「就像我這樣的女孩嗎？」

「你？」大黃的頭搖得像轉動的電風扇，「不，你不用擔心，惡魔龍應該只吃漂亮的少女。喵——」

「對，皮膚白一點兒的。喵——」小黑點兒跟着說。

梨花點點頭：「沒錯，你看起來一點兒都不好吃，肉太少。喵——」

我嘟起嘴：「好像你們比我好吃似的！最好惡魔龍來的時候，把你們一個個都吃掉。」

「他好像沒吃過貓⋯⋯喵──」大黃轉頭問其他野貓，「你們聽說過他吃故宮裏的貓嗎？」

「沒有。」小黑點兒搖頭，「說實話，故宮裏的動物好像沒有親眼見過他吃東西的。喵──」

「不要說吃東西了，現在故宮裏的動物應該都沒見過惡魔龍。這和他出現得比較少有關。要知道，北京可以連續幾年都不下一場暴雨。喵──」梨花分析道。

「好吧，如果明天大暴雨來時他真會出現，我希望能親眼見見他。」我站起來，準備離開。

「我和你一起去。喵──」梨花邁着小碎步跟上來，「要是能採訪他幾句，就更好了。」

「希望明天咱倆不會被他吃掉。」

晚上，當我告訴楊永樂第二天要去找惡魔龍的時候，他笑得肚子都疼了。

「你說那是只吃少女的惡龍？」他一邊說，一邊捂着肚子笑。

「沒錯，你也聽說過？」我真不知道這有甚麼可笑的，接着問他，「你要和我一起去嗎？」

「相信我，肯定是動物們看走眼了。故宮裏不會有惡龍

存在的。」他說。

「可是，連神獸們都說惡魔龍存在呢！」

他眨眨眼睛狡黠一笑：「故宮裏的怪獸就喜歡製造恐怖氣氛。」

「你就一點兒都不好奇？」我看着他，這可不像平時的楊永樂。

「也不能這麼說……有一點兒吧。」他低下頭。

「你不會是害怕惡魔龍吃了你吧？」

他「撲哧」笑了，卻沒有回答。

我搖搖頭，沒想到楊永樂這麼膽小。

「好吧，那我和梨花去。」

「那隻八卦貓也去？」楊永樂「呼」的一下抬起頭問。

「是的，有甚麼問題嗎？」我看着他，感覺楊永樂今天有些奇怪。

「不，不，當然沒問題。」他吞吞吐吐地說，「我只是想，我還是跟你們一起去吧，萬一有甚麼危險，至少還有個男孩能幫你們擋一下。」

我瞇起眼睛說：「你說的那個男孩是你？」

「當然，故宮裏還有別的男孩嗎？」他抬起下巴。

我「哼」了一聲：「如果真遇到危險，你肯定比誰跑得都快。」

「才不會！」

「等着瞧吧。」

第二天，還沒等到天亮，烏雲就裹挾着暴雨來了。耀眼的閃電照亮了天空，猛烈的雨聲甚至蓋過了轟隆隆的雷聲。

「幸虧是星期六，否則這麼糟糕的天氣可沒法送你上學。」媽媽嘟囔着。

我胡亂答應一聲，徑自翻出雨衣和雨鞋。

媽媽驚訝地看着我：「下這麼大的雨，你去哪兒？」

「去找楊永樂！」

我套上雨鞋、穿上雨衣後仍然覺得不放心，又找出一把雨傘。這下總不會被淋濕了吧？

「要小心井蓋！」出門的時候，媽媽叮囑我。

「知道了！」

走出屋門不過幾分鐘，我渾身已經被淋濕了。雨鞋裏灌滿了雨水，雨傘和雨衣在這麼大的暴雨面前，根本幫不上我甚麼忙。

雖然是星期六，但是故宮裏一個遊客也沒有，看來誰也不想在這種壞天氣冒險。宮殿間的石板路已經變成了水塘，一不小心，我的雨鞋就卡在了磚縫裏。我把傘放到一邊，用力去拔雨鞋，結果卻因用力太猛，一屁股坐到了水

塘裏。

　　就在這時，一個影子在我眼前晃了一下。

　　我抬起頭，看見一個冰藍色的怪獸扇着半透明的翅膀，飛過宮殿的屋頂。

　　雖然雨水模糊了我的視線，但我仍然被他藍水晶般剔透的巨大身影迷住了。如果不是因為看到翅膀在扇動，我幾乎會認為那是浮在半空的一座冰雕。

　　「喂！喂！」我用力大叫，「等等！等等！」

　　他繼續往前飛，似乎沒有聽到有人在叫他。暴雨與雷鳴聲中，我的喊聲也許就像蚊子聲一樣細小。

　　然而就在我覺得沒希望的時候，他卻突然停下來，回頭看了我一眼。

「喂！看得見我嗎？」我一下子跳起來，衝他揮手，「我在這兒！這兒！」

他扭過身體，落到水塘裏，就在我身邊。他和傳說中的差不多，除了那冰藍色的身體。他的眼睛清澈幽深，感覺很冰冷。每當他扇一下翅膀，暴雨似乎就下得更大了一些，不知道這是不是我的錯覺。

「你好！」我抹了一把臉上的雨水，大聲說，「我叫李小雨！我正在找你！」

「找我？」他露出白森森的牙齒，它們和傳說中的一樣尖，像一根根冰柱。

我往後退了一步：「對，我聽說過關於你的傳說。」

「關於我的傳說？」他似乎很感興趣，「你們是怎麼說我的？」

「傳說你是惡魔龍，會在天降暴雨的時候出現，還有……只吃少女。」

他咧開了嘴，看起來像是在笑：「如果這個傳說是真的，你站在這裏不是很不明智？」

「我並不相信他們說的話。」雖然嘴裏這麼說，我還是不禁往後退了一大步，「他們都沒見過你，怎麼會知道你吃甚麼？」

「哈哈，我很高興故宮裏還有聰明人。」他微微點頭，

「那些傳說的確很可笑。事實上，和少女相比，我還是更喜歡吃海鮮。」

我鬆了口氣，又抹了一把臉上的雨水：「那你為甚麼叫惡魔龍？」

「我怎麼知道？」他低頭看着我，說，「也許是其他怪獸們的惡作劇。」

「你指的是故宮裏的神獸們？」我瞇着眼睛，雨點讓我睜不開眼睛。

「對，就是那些小東西們。」他望了望烏雲遍佈的天空，「好了，我想我該走了。」

「不，別走！」我往前邁了一步，「我還不知道你的真名呢。」

「我是應龍，是這裏最古老的怪獸。」他回答。

「比故宮裏其他怪獸還要古老？」我瞪大眼睛。

「當然。」

「能給我講講你的故事嗎，應龍？」我不知道哪裏來的勇氣，伸手一把抓住了他的翅膀。那翅膀滑滑的，如雨水一樣冰涼。

他搖搖頭：「我不太善於講故事，說話這件事總是讓我覺得費勁。不過，如果你真想知道我的故事，我倒還有另一種方式。不知道你願不願試試看？」

「我願意！」我毫不猶豫地說。

「那來吧。」

應龍扇了一下翅膀，然後將雙翼平平地伸展到地上。我爬了上去，用雙臂緊緊抱住應龍冰涼的脖子。

應龍迎着風雨朝烏雲的深處飛去，故宮在我們下面變得越來越小。我不知道他要帶我去哪兒，卻並不害怕。

他衝過雲層，烏雲的上方沒有雨也沒風，一片光亮，卻冷得出奇。應龍並沒有停留，而是俯身向下飛去。再次穿過雲層後，雨停了，但烏雲並沒有散去。我奇妙地感覺到，自己已經來到了另一個世界——一個不屬於我的世界。

濃密的烏雲之下，我看到一條長長的河流。離河流不遠的大山裏，正冒着白色的濃煙。

濃煙是從一個奇怪的人嘴裏噴出來的，他長着人的身體、牛的蹄子，頭上還長着一對牛角，頭髮像黑色三叉戟。

「他是誰？」我趴在應龍耳邊問。

「蚩尤。」

應龍的回答讓我大吃一驚！蚩尤？那不是距今約五千年前黃河中下游地區九黎部落聯盟的首領嗎？

就在這時，另一個奇怪的人出現在濃煙中，他長着四張臉，手握鼓槌，把一面大鼓敲得震天響。我瞪大眼睛努

力辨認後發現，他長得就像書中華夏部落的首領黃帝，難道我眼前的就是那場著名的大戰——涿鹿之戰？

我小學二年級的時候，就看過涿鹿之戰的故事了。書中說，黃帝捉來了夔獸，用他的皮做成戰鼓，又用雷獸的骨頭做成鼓槌，敲擊之下，戰鼓的聲音可以傳數千米遠。

此時，「隆隆」的戰鼓聲中，熊、狼、豹子、老虎等野獸，還有很多我不認識的怪獸朝着蚩尤的方向奔去，而迎戰他們的是人頭獸身的巨人和山神、樹精。一時間，山谷的濃霧中，都是廝殺和喊叫的回聲。

我從沒見過這樣的巨獸，他們大多鱗片幽暗，好似被煙熏火燎過一般，跟故宮裏那些滿身金色、綠色或紅色等明亮顏色的怪獸完全不同。他們的眼睛看起來像被燒得通紅的煤塊，閃閃發光，鼻孔中冒着熱氣。

慢慢地，山谷中的煙霧更濃了，整座山都被籠罩在淡黃色的濃煙中，我已經看不清任何東西。

就在這時，一道閃亮的紅光從濃煙中心散發出來，我身下的應龍彷彿得到了甚麼信號，立刻扇動起巨大的翅膀。幾乎同時，一場暴雨從天而降，煙霧瞬間被雨水打散。雨水在山谷裏慢慢形成了水塘、湖泊，眼看蚩尤的巨人和鬼怪們就要被淹沒在雨水之中。但不知道為甚麼，大風突然改變了方向，所有的狂風挾着暴雨向黃帝的戰士們

捲去。

這時，兩個穿白衣的人出現在我們對面的雲端，是風伯和雨師，就是他們使應龍的雨水改變了方向。

「糟糕！」我大叫。

「別急。」應龍卻一點兒也不慌張。

「這樣下去，你們就輸了！」

「不會的。」他慢慢地扇動翅膀，「你看，她來了。」

「她？」我順着他指的方向看去，天空中一道金光閃過，就在不遠的地方，一位女子從天空中飄然降落到山谷裏。她穿着青色的長裙，兩隻眼睛長在頭頂上，走得像風一樣飛快。她走過的地方，風雨會立刻停止，湖泊瞬間變成乾涸的土地，樹木也都乾枯而死。

「她是誰？」我問。

「她是女魃（bá）──乾旱之神。」應龍歎了口氣，「好了，我們走吧。」

說完，他再次扇動翅膀衝上雲霄，等再落下的時候，我們已經回到了大雨中的故宮。

我從應龍的背上滑下來，躲到他的翅膀下避雨。

「你剛才帶我看的是上古時代的涿鹿之戰？」我驚魂未定地問。

「是的。」應龍點點頭。

「難道我們剛才穿越到了五千年前？」

「不，我只是幫你進入了我的記憶。」他回答。

「所以，你是上古時期的怪獸？」

「沒錯，我本來應該在那場戰爭之後離開人間，但是因為在戰爭中能量消耗過大，我再也沒有力量飛回天庭，只能留在這裏了。」

「那為甚麼其他怪獸會說你是惡魔龍呢？」我問。

應龍微微一笑說：「呵呵，這不過是小孩子們的惡作劇。我和故宮裏其他怪獸不同，我喜歡睡覺，經常一睡一百年，除非是暴雨的聲音，其他的聲音都喚不醒我。有的時候一覺醒來，我身上已經積滿了塵土，變成了山丘，長滿了樹木。所以，我很少出現在故宮，也從不和其他怪獸說話，他們不過是覺得我奇怪而已。」

「看來我今天的運氣不錯，不但能和你說這麼多話，還知道了你的故事。」我笑着說。

「你不是第一個有好運氣的孩子。」他說，「六年前，我還曾讓一個小男孩知道了我的故事。」

我吃了一驚，問：「他也是故宮裏的孩子？」

「是的，如果我沒記錯，他應該叫楊……」

「楊永樂？」

「對、對，就是這個名字。希望你能和他一樣，對我的

故事保密。我可不想別人來打擾我的美夢。」

原來楊永樂早就知道惡魔龍的真相了，還和我裝傻。哼！

「我會保密的。」我痛快地答應。

應龍打了一個大大的哈欠。突然，不知看到了甚麼，他變得警惕起來。我順着他的眼神望去，一個白色的小東西正朝我們的方向跑來，不一會兒就來到了我面前，是梨花！

「惡魔龍呢？喵——」她急着問，「我明明看見他和你在一起！」

「咦？」我猛地回頭，剛才還在身後，用翅膀幫我擋雨的應龍這時已經不見了。

「啊！在那兒呢！」梨花突然看着天空大叫。

我抬頭一看，應龍正憑藉他半透明的雙翼在空中滑翔上升，然後逐漸消失在厚厚的烏雲中。

「太可惜了！差一點兒就可以採訪到他了！喵——」梨花咬牙切齒地說。

「嗯。」

「他和你說甚麼了嗎？喵——」

「這……」我想起和應龍的約定，於是說，「沒說甚麼。我只問了他的名字。」

「他不是叫惡魔龍嗎？喵——」

「不，他叫應龍。」我回答。

「應龍？」梨花大叫起來，「保和殿後面丹陛石雕上的應龍？他還在故宮裏？我以為他早就離開了呢！」

「看來是沒有離開。」我笑着說。

不知道是不是因為應龍飛走了，天上的雨慢慢變小，不久就停了。灰色的雲縫裏，露出了明朗得讓人吃驚的藍色，猶如應龍身上的顏色。

┃ 故宮小百科 ┃

保和殿：保和殿是故宮外朝三大殿之一。位於中和殿後，建成於明永樂十八年（1420年），初名謹身殿，嘉靖時遭火災重修後改稱建極殿。清順治二年（1645年）改為保和殿。「保和」典出《易經》，意為「志不外馳，恬神守志」，也就是神志專一，以保持宇宙間萬物和諧。明代的大型典禮舉行之前，皇帝會在保和殿內更衣。清代每年除夕、正月十五皇帝賜宴，以及科舉殿試會在保和殿舉行。順治皇帝曾住在當時叫做位育宮的保和殿，他也在那裏成婚。康熙皇帝居住保和殿時，將其稱為「清寧宮」。

應龍：傳說中一種有翅膀的神龍。牠能夠興雲致雨，以至於形象被廣泛用於祈雨儀式中。傳說牠還曾經以尾巴畫地，引導大地上洪水的流向，來幫助大禹治水。

2
海東青與天鵝

　　台北故宮要和北京故宮聯合舉辦金朝珍品展，大幅的海報很快就掛出來了。故宮裏主要道路的兩側都擺上了參觀展覽的指路牌。遊客們早早就打聽展覽的時間，並在網絡上訂好了門票。大家都知道，這是很難得的展覽。

　　「要去看看嗎？」楊永樂問我。

　　我搖搖頭，一心只希望所有藏品都能乖乖地待在展廳裏，直到展覽結束。我還清晰地記得，上次台北故宮藏品在首都博物館展出時，我是怎麼被怪獸辟邪拖到那裏，並從可怕的饕餮那裏逃命的。

　　所以，當野貓梨花在半夜叫醒我，告訴我武英殿出事

了，需要我幫忙時，你們肯定可以理解，我有多麼不情願。

「出甚麼事了？」我十分猶豫，「我有必要去嗎？怪獸們不能解決嗎？」

「就是斗牛讓我來找你的。喵——」梨花在陽台上踱着步說，「『天鵝玉佩』上的天鵝堅持不跟『玉海東青啄雁飾』上的海東青擺在一起，武英殿現在都快被他鬧翻天了。」

我睜大眼睛問：「你是說，斗牛讓我過去幫忙，只是因為兩隻鳥吵架？」我還以為出了甚麼天大的事情。

「不光是你，斗牛也讓小黑點兒去找楊永樂了。喵——」梨花說，「他說現在需要人類的智慧。」

我瞇起眼睛說：「你不覺得解決鳥類之間的矛盾，鳳凰出面會更好嗎？她可是百鳥之王，誰會不聽她的？」

「鳳凰大人已經去過了，但是天鵝仍然不願意讓步。」梨花搖着頭說，「時代變了，現在是鳥鳥平等的時代，就算是鳳凰大人也不能強迫他們做甚麼，能解決問題的方法只有互相理解。你們人類不是最擅長這個嗎？喵——」

「要是人類擅長互相理解就不會有那麼多的戰爭了。」我翻了下白眼，問，「天鵝為甚麼不願意和海東青擺在一起呢？他們有甚麼矛盾？」

梨花回答：「天鵝說他並不是針對『玉海東青啄雁飾』上的那隻海東青，純粹是物種原因。天鵝就是不能與海東

青並存。喵——」

　　物種問題？我大吃一驚：「鳥類中也有種族仇恨這種事？我們人類現在都慢慢意識到了種族仇恨是特別可笑的事情，在全世界都逐漸在拋棄偏見的時候，動物界居然還有這種事發生？」

　　「以前故宮裏從沒出現過這種問題。」梨花搖着頭說，「在怪獸界和動物界，即便是天敵，比如狼和兔子，老虎與羚羊，他們之間也不存在仇恨，大家都明白，那是食物鏈，都是為了生存而已，談不上一個物種仇恨另一物種。今天這件事純屬意外。喵——」

　　「你們沒有勸勸他們？」我問。

　　「斗牛和鳳凰大人給他們講了幾個小時的道理……喵——」

　　「他們聽進去了嗎？」

　　「當然沒有。喵——」梨花說，「要不然我就用不着來找你了。」

　　我想了想，覺得問題沒有那麼複雜。

　　「為甚麼不乾脆給他們換個位置，不挨着不就行了？」我建議。

　　「這個方法的確最簡單，但是這並不是在解決問題，而是在逃避問題。」梨花提高聲音說，「斗牛說得對，故

宮裏絕對不能存在物種間互相憎恨這種事情。所以你還是去一趟吧，斗牛和鳳凰大人讓你過去，一定有他們的道理。喵——」

我點點頭，梨花說得對，雖然只是兩隻鳥吵架，但也不能小看這個問題。於是，我趕快穿上運動鞋，跟着她向武英殿走去。

夜色如墨，融化在一片寂靜裏。此時的故宮看起來平靜又平和。

「『天鵝玉佩』上的天鵝有甚麼朋友嗎？」我問梨花。

「這個藏品是台北故宮送來展覽的，和他一起來的『大雁玉帶』上的大雁和《梅石溪鳧圖》上的野鴨是他的好朋友。」梨花回答說，「聽說他在台北故宮的人緣一向很好。喵——」

「他的朋友們有沒有勸勸他？」

「當然勸了，但天鵝大哭着說，地球上只有一個物種堅決不能與他們天鵝挨在一起，那就是海東青。如果他這麼做，他就對不起列祖列宗。喵——」梨花怪聲怪氣地說。

「所有天鵝都像他這麼想嗎？」

「誰知道呢？不過，天鵝一直是比較固執的鳥類。喵——」

武英殿曾經是清朝皇帝們收藏書籍的地方，那濃濃的

書香在寬闊的殿堂裏飄而不散，是特別適合展覽文物的宮殿。而此刻，閃閃發亮的玻璃櫃前，斗牛、鳳凰和楊永樂正皺着眉頭站在那裏，看着一隻雪白的大鳥。

好漂亮的天鵝啊！我睜大眼睛，心裏不由得讚歎。除了鳥嘴是嫩黃色的，他的整個身體都雪白的。他旁邊的展櫃上，站着一隻海東青，與天鵝正相反，他身披黑亮的羽毛，一對小眼睛炯炯有神，體形還不及天鵝的一半。但誰都知道，海東青是非常兇猛的獵鷹，在滿語中被稱為「雄庫魯」，意思是飛得最高和最快的鳥，有「萬鷹之神」的含義。傳說十萬隻鷹中才會出一隻「海東青」，他是代表滿族的圖騰，擅長捕殺大雁、兔子、天鵝等，對主人十分忠誠，是金朝和元朝時貴族最喜歡的寵物。

海東青的身邊，還站着一隻灰色的大雁，他的個頭兒和天鵝差不多，暗色的羽毛讓他遠不如天鵝受人矚目。

「小雨，你來了？」斗牛和我打招呼。

這個可憐的怪獸是龍的祕書，每當龍偷懶的時候，都會把他推出來解決故宮裏的各種問題。

「還沒解決嗎？」我問他。

斗牛皺着眉頭搖搖頭。

我轉身面向楊永樂：「你有甚麼好辦法嗎？」

楊永樂搖搖頭說：「物種的問題我不擅長，我認為神、

35

鬼、人都應該和平相處，宇宙萬物平等。誰知道這隻天鵝的腦袋裏在想甚麼？」

看來，只有讓我試試看了。但我該從哪兒說起呢？

我還沒想好開場白，天鵝倒是先說話了。

「你好，李小雨。我已經聽說了，你是個聰明的小姑娘。但請你不要勸我了，那完全是白費力氣。」他說，「我很珍惜這次來北京故宮的機會，畢竟我曾在這裏被收藏了幾百年。對我來說，從台北故宮回到這裏，就像回到家鄉一樣親切。我並不想破壞這次展覽，事實上，我喜歡武英殿，喜歡這裏的一切。」

「那你打算接納海東青了？」我問。

「我真的希望我可以！」天鵝悲傷地說，他連悲傷的樣子都那麼優雅，「可是我不能。」

我停頓了一下說：「我知道海東青是天鵝的天敵，但他們不是你們唯一的天敵，對嗎？狼、狐狸、鵰……還有我們人類，和其他這些天敵的雕像擺在一起，也會讓你感到不舒服嗎？」

「一點兒都不會。」天鵝回答，「所謂的天敵，不過是由大自然的食物鏈決定的，大家都是為了生存下去，延續種族，沒有誰對誰錯。當然，人類除外。這種連麻雀都明白的道理，我們天鵝當然明白。但是，我就是不能與海東

青擺在一起。」

　我轉向大雁，正在發呆的大雁被我嚇了一跳。

　「海東青捕捉的大雁比天鵝還多，你也不能和海東青擺在一起嗎？」我問大雁。

　「不會。」大雁搖着頭說，「你看，這次展出的不就是『玉海東青啄雁飾』嗎？就是海東青捕捉我們，我們卻無路可逃的場景。可是，我們大雁並不憎恨海東青，大家都有自己的使命，不是嗎？」

　我贊同地點點頭，轉向天鵝問：「那麼你們天鵝和大雁有甚麼不同嗎？」

　「當然不同！從我出生起，就知道海東青是不可原諒的。」天鵝說，「一般的天敵捕捉我們只是為了吃掉我們的肉以保生存，但是海東青不是。他們殺死我們，並不為吃掉我們的肉，而是為了從我們的嗉囊中獲得東珠，來討好他的主人……」

　「不是討好。」一直沒有出聲的海東青說話了，「海東青和獵犬一樣，要絕對忠實於主人，我們只是去完成主人交給我們的任務。海東青憑能力工作，用不着討好誰。」

　「不過……這樣做實在太殘忍了，不是嗎？」我看向海東青，他給人一種軍人般的感覺，黑色的小眼睛裏透着堅毅的光芒。

「難道軍人衝鋒前還要考慮殺掉目標是不是殘忍嗎？」
海東青反問，然後看了看我，接着說，「幾百年來，人類
都喜歡東珠，視它為最珍貴的珍珠。連皇帝的皇冠和朝珠
上都不能缺少它。但是，東珠只在東北地區的松花江、黑
龍江這些地方才能找到。產東珠的珠蚌在十月成熟，但這
個時候，河水已經結冰，十幾米厚的冰面，人們根本無法
鑿開來尋找東珠。但是，當地的天鵝卻能尋找到冰面最薄
的地方，啄開冰面，吃到珠蚌，並將東珠藏在自己的嗉
囊中。這就是為甚麼我們的主人會在那時候讓我們捕捉
天鵝。」

「真是太過分了！」我憤怒地說，「古時候的人怎麼能

就為一些珍珠，做這麼殘忍的事情！我真為那些人感到羞愧和內疚。」

「這也是沒辦法的事。」海東青反過來安慰我說，「這是他們的工作，就像獵人和伐木工一樣，從天鵝那裏取到東珠，也是我們主人的職業。他們會把這些東珠獻給皇帝，用賺來的錢養家。」

「世界上有那麼多工作，為甚麼非要選擇這個職業？」我喃喃地說。

我轉向天鵝：「現在你知道真正的幕後兇手是誰了，不是海東青，而是我們——人類！如果非要恨一個物種，你就恨我們人類吧。」

「我無法相信……」天鵝遲疑地說。

「這好辦，我可以去找來這方面的歷史書給你看。人類一定有這方面的記載。」我說，「而且，你們天鵝是鳥類中最聰明的物種之一，你可以自己分析一下，海東青根本不吃珍珠，那玩意兒誰吃下去都不會消化。那他要東珠做甚麼？戴着玩？你看到哪隻海東青的身上戴過珍珠項鏈？」

天鵝沉默了很久，才說：「即便這是事實，那海東青也是幫兇。」

「幫兇……也可以這麼說，但主要的責任還在我們貪心的人類。」我試着詢問，「現在你是否願意挨着他，一起展

出了？」

　　天鵝不自在地扭動了一下身體，小聲說：「我可以試試看。我還不確定……」

　　「那就試試看吧。」我鼓勵他。

　　於是，「玉海東青啄雁飾」「天鵝玉佩」「大雁玉帶飾」回到了展台上，武英殿裏安靜下來。

　　鳳凰和斗牛感激地衝我笑了笑，楊永樂佩服地拍了拍我的肩膀。梨花則在一旁忙着記筆記，為明天的《故宮怪獸談》準備頭條新聞。

　　窗外，夜已經深了，我們轉身準備離開。然而，就在這時候，身後的天鵝突然痛苦地迸出一句：「天啊，我還是做不到！」

　　我皺着眉頭回到展台前，天鵝已經跳下展台，站在了牆角。這可怎麼辦？

　　我蹲在展台前，一會兒看看天鵝，一會兒看看海東青，一時也想不出甚麼好辦法。

　　「現在東北那邊還有你說的那種殺死天鵝、獲取東珠的職業嗎？」我問海東青。

　　他搖着頭說：「早就沒有了。」

　　我鬆了口氣，說：「太好了，這麼殘忍的職業，現在肯定沒人願意幹了。」

「這個職業並不是因為殘忍才消失的。人類的很多職業比這還殘忍，但只要有豐厚的報酬，仍然有人願意去幹。」海東青說。

我點點頭，沒想到海東青這麼了解人類。

「那為甚麼消失了呢？」

「因為，我們已經滅絕了。」海東青回答，「再也沒有一種鷹能為人們捕捉到天鵝。」

「滅絕了？」突然，天鵝「呼」的一聲飛到了我們面前，「你是說這個世界上已經沒有活的海東青了？」

海東青悲傷地點點頭，說：「是的，我們這種鷹類已經滅絕上百年了。」

「哎，你怎麼不早說？」天鵝親熱地靠過來，「別太傷心了，估計再過幾年，我們天鵝也會滅絕。都怪人類太能折騰了。」他居然開始安慰起海東青了。

天鵝的態度轉變得也太快了！楊永樂、鳳凰、斗牛、梨花和我吃驚地看着他們。

「沒事了。」天鵝對海東青說，「海東青已經滅絕的事情，你早就該告訴我。現在我們好好聊聊天怎麼樣？說實話，我對你們還真有點兒好奇。」

事情就這樣解決了？我簡直不敢相信。

看來，我是無論如何也搞不懂天鵝腦子裏的想法了。

故宮小百科

武英殿：武英殿始建於明初，位於外朝熙和門以西。它是明初帝王齋居、召見大臣的地方，武英殿內還設有待詔一職，由擅長繪畫者擔任。清兵入關時，較早進京的攝政王多爾袞把武英殿當做辦公場所，之後武英殿被用來舉辦一些儀式。康熙年間，武英殿書局創立。康熙十九年（1680年），武英殿的左右廊房被設為修書處，掌管刊印裝潢書籍，康熙四十年（1701年）以後，武英殿大量刊刻書籍，武英殿的書籍使用銅版雕刻活字及特製的開化紙印刷，有很高的製作水準和藝術造詣。乾隆皇帝下令從《永樂大典》中摘出一百三十八種珍本排字付印，御賜名《武英殿聚珍版叢書》，世稱「殿本」。

海東青：海東青又叫矛隼、海青，兇猛敏捷，擅長捕獵。中國古代東北地區生活肅慎民族，是女真人的祖先，他們將海東青看作神鳥。在金代，皇家有所謂的四季捺缽制度，春季捺缽就是指在圍場用海東青圍獵天鵝，因此，海東青捕捉天鵝大雁就成為了藝術作品中常見的題材。早在元代就有琵琶曲《海青拿天鵝》。故宮博物院收藏有兩件這一題材的玉飾。其一是金代的玉海東青啄雁飾，它直徑7厘米，厚2.1厘米。它分為上、下兩部分，下部為圓形，上部雕海東青在空中回身捕獵，大雁被迫降落池塘荷葉中，面臨絕境的場面。玉飾兩側各有一橢圓形隧孔，可穿帶或套入鈎頭佩戴。另一件海東青啄雁飾製作於明代，長5.5厘米，寬3.5厘米，厚1.4厘米，呈暗白色月牙形，可能是女性頭飾。玉飾透雕海東青撲啄大雁，令牠降落在蘆葦和水波中的畫面，背面邊柱上有陰線「大明宣德年製」「御用監造」款識。「御用監」是明代宮廷內專司造辦用品的機構，明代玉器中帶有製造年款以及「御用監」款的作品僅此一件。

惡魔龍的真相

3
忘記名字的怪獸

　　星期天的傍晚，我和楊永樂、梨花在故宮裏玩捉迷藏。

　　原本說好只在武英殿裏藏，結果那隻調皮的野貓總是不守規矩，於是，我們捉迷藏的範圍越來越大。

　　這次，輪到我來找，他們兩個藏。

　　「一、二、三……三十。我要找了！」

　　我轉過身，武英殿的院子裏空蕩蕩的，宮殿的大門都上着鎖。

　　哼！他們兩個準又藏到院子外面去了。

　　於是，我走出武英殿，拐了一個彎，還是沒見他們的蹤影。他們到底躲到哪裏去了？我有些奇怪。

又拐了一個彎。

「咦？」我愣住了。

眼前出現了一座陌生的石橋，橋上雕刻着一隻隻活靈活現的小獅子，橋下是綠絲帶般的內金水河。

故宮裏有我不知道的石橋嗎？我究竟在甚麼地方？怎麼走錯路了？我竟然糊塗了。

就在這時，右邊大柳樹後有個影子一閃而過。

「喂！楊永樂！我看見你了！」我追了過去。

身邊的一排柳樹搖動着枝條，那影子在一閃過後，居然消失了。看來不是楊永樂，也不可能是梨花，野貓跑不了那麼快。想到這一點時，我已經跑過了石橋，來到一個更加陌生的地方。

這裏到處都是高大的柳樹，沒有風，細細的、女人長髮般的柳枝卻不停地搖擺着。我屏住氣息努力回憶，武英殿這邊曾經有過這麼多的柳樹嗎？

「楊永樂！梨花！」我一反常態地有些慌了。

這個陌生的地方，我只想快點離開。就在我扭頭要走的時候，突然聽到 個聲音：「在這兒……」

我吃了一驚，回頭看去。就在兩棵大柳樹中間，有間小小的、金頂的房子，像一座小小的廟堂。而聲音，就是從那裏傳出來的。

我出現幻覺了嗎？故宮裏怎麼可能有這樣小的房子？我悄悄地走過去，凝神向窗戶裏望去。我一眼就看到了楊永樂的側臉，往下看，梨花乖乖趴在他的膝蓋上。我突然有一種不祥的預感，梨花可不是那種願意趴在人的膝蓋上撒嬌的貓。

「誰呀？」有個陌生的聲音傳入我的耳中。

一瞬間，我說不出話來了。只是睜大了眼睛，喘着粗氣。於是，那個聲音又問了一遍：「誰呀？」

「我……來找我的朋友。」

「朋友？啊，那進來吧。」

還沒等我伸手去推，屋門「嘎吱」一聲自己開了。一個我從來沒見過的怪獸端端正正地坐在裏面，楊永樂和梨花則一臉蒼白坐在他身邊。

「今天怎麼有這麼多客人啊？請進！」嘴上雖這麼客氣，怪獸臉上卻沒有一點兒高興的樣子。

我猶猶豫豫地邁進屋子，門在我身後又「啪」地自己關上了。屋子裏瞬間暗下來，只有糊着白紙的窗戶透着一點兒光亮。

「坐吧。」怪獸指着楊永樂身邊的一把椅子說。

我搖着頭：「不坐了，我們馬上就走。」

我偷偷捅了一下楊永樂，他卻一動也不動，只用受驚

後害怕的眼神看着我。梨花更是像雕塑似的趴在他腿上。他們到底怎麼了？我皺皺眉頭。

「還是先坐下吧，我正和你的朋友們聊天呢。」怪獸看起來挺溫和的，「這裏至少有兩百年沒有人類闖進來過了，我很想聽聽外面的事情。你叫甚麼名字？」

「我叫李小雨，你呢？」

「我不記得自己的名字。」怪獸回答，「你覺得我是甚麼怪獸呢？」

我上下打量着他：長長的、波浪一樣的毛髮，四肢修長，有駱駝一樣的頭、尖尖的牙齒、鋒利的龍爪，身上披着魚鱗，有點兒像朝天吼，又有點兒像龍，但既不是朝天吼，也不是龍。

「我……猜不出來。」

「哎呀，怎麼誰都不知道呢……難道要我永遠只當靠山獸嗎？」

「靠山獸？原來你的名字叫靠山獸。」我笑了。

「哈哈……」怪獸也笑了，露出的尖利的牙齒卻讓我打了個冷戰，「無知的小姑娘，任何怪獸，只要守護在石橋上都可以被稱為靠山獸，獅子、麒麟、龍……那都不是名字，只是個職務。」

他突然靠近我，眼睛緊緊盯着我說：「要不然，你給我

取個名字吧！沒有名字實在太痛苦了。」

「我？這怎麼行？」我直往後躲。

「怎麼不行？ 我們怪獸的名字不都是你們人類給取的嗎？」他說，「你也給我取一個讓我滿意的名字吧，否則就和以前那些人一樣變成柳樹，怎麼樣？」

變成柳樹？我大吃一驚，怪不得楊永樂和梨花都被嚇成這樣，門口那些柳樹居然是人變的！

我看看楊永樂，又看看梨花，他們也在看我。這兩個傢伙，玩捉迷藏，好好找個地方躲着不就行了，怎麼會偏偏躲到這種地方？取個名字是不難，但是甚麼樣的名字才能讓眼前這個怪獸滿意呢？萬一我說出來的名字他不滿意，我們可就要被變成柳樹了。我的腦袋裏亂成一團。

「嗯……」我決定先拖延時間，「既然你讓我們幫忙取名字，總要先講講自己的來歷吧？」

「有道理。」怪獸嘀咕了一句，就開始講自己的故事了，「我啊，是在這座皇宮裏生活得最久的怪獸。算起來，怎麼也有七八百年了。」

「這怎麼可能？」楊永樂忍不住叫出聲，「故宮建好也還不到六百年。」

「沒錯。」怪獸點點頭，「所以，早在這座皇宮存在前，我就已經待在這裏了。那時候，這裏還是元朝的宮

殿。我甚至還聽人說，比這更久以前，在宋朝的時候，我就已經在這裏了。但是，那麼久遠的事情，我早就記不起來了。我能記得的就是自己坐在元朝宮城的崇天門前，背後的石橋猶如彩虹般明豔。那時候，我守護的橋叫作周橋，不是一座，而是三座，因為像三道彩虹橫跨金水河，所以也被人們稱為『三虹』。」

他好像想起了甚麼，出了一會兒神，才接着說：「那應該是我最輝煌的日子吧，橋上雕刻着盤龍，只有皇帝和擁有權勢的人類，才能從我守護的橋上走過。所有人都讚美我的威嚴，人人都知道我的名字，卻沒人敢唸出我的名字。那是個多麼興盛的王朝啊，全世界的國王都會派使臣來拜見元朝的皇帝，因為害怕他的騎兵會踏平自己的國家。」

他歎了口氣，接着說：「可是，看起來那麼強大的國家卻沒多久就滅亡了。人類是多麼善變啊！雄偉的皇宮被拆掉，水池被填成平地建起了新的宮殿。而我的彩虹，也被截掉了『兩虹』，只留下一座石橋。甚至留下的『一虹』，也被鑿去了盤龍石，變得面目全非……」

「我和我的石橋被留在了皇宮最不引人注意的角落裏。從橋上走過的不再是皇帝、大臣，而是病死的宮女和太監。人們叫它『斷虹橋』，也叫它『斷魂橋』。再也沒人願

意多看我一眼，也不再有人記得我的名字。就這樣過了幾百年，直到我徹底忘記了自己的名字……」

「你們知道失去是甚麼感受嗎？」怪獸突然抬起眼睛，看着我們，那裏面盛滿了悲傷，「當一切變遷，朋友離去，原來的家園面目全非，以前的榮耀一去不復返，甚至忘掉了自己的名字，只剩下自己獨自回憶着一切，那是一種說不出來的悲傷啊。而這種感受，你們多變的人類是感受不到的，所以，我會把闖到我面前的人類變成柳樹，讓他們和我一起感受這漫長的等待，也算是對你們的一種報復吧。」

「誰說人類感受不到失去？」楊永樂「唰」地站了起來，他的眼眶裏閃着淚光，「你以為只有你的悲傷是悲傷，其他人的悲傷就不是悲傷嗎？我也失去了自己的爸爸、媽媽和最疼愛我的姥姥，他們都是我最親的人，也是這個世界上我僅能依靠的人。但就算我再悲傷，覺得全世界都不要自己了，我也不會把這些都賴到別人頭上，讓無辜的人頂罪。」

「說是這麼說，但人類並不是無辜的啊。為甚麼記得故宮裏其他怪獸的名字，偏偏就忘記了我的呢？所以，既然想不出新的好名字，變成柳樹慢慢地想不是很好嗎？」

「你這樣說就更不講理了……」楊永樂氣鼓鼓地說。

「你們到底想沒想好名字啊？」怪獸不耐煩地問。

我攥緊了拳頭，既然碰到這麼不講理的怪獸，那看來只能用不講理的方式解決了。

「想好了！」我大聲說。

「哦？說說看。」怪獸高興了起來。

「柳樹精，怎麼樣？」

「那是樹精的名字吧？」

「宇宙超級無賴大怪獸，怎麼樣？」

「宇宙甚麼？」怪獸露出疑惑的表情。

「宇宙超級無賴大怪獸！」楊永樂笑出了聲，「哈哈，這個名字好！」

怪獸拉下臉，不高興了：「你們是在嘲笑我嗎？難道不怕被我變成柳樹？」

「怕！」我回答，「但是既然那麼多人都因為取不出名字被你變成柳樹，那我們無論取甚麼名字，你都會把我們變成柳樹的。因為，能讓你滿意的只有你原來的名字。」

「你說得還真有道理呢。」怪獸微微點頭，說，「那就把你們變成柳樹吧。」

「啊？說變就變啊？」我往後退了好幾步，身體因為害怕而哆嗦起來。

「等等！」這時，一直動都不敢動的梨花跳了出

來，「喂！喂！我沒有嘲笑您，也沒有瞎取名字，放過我吧！喵——」

哼！這隻沒義氣的野貓！

怪獸為難地搖搖頭：「不行啊，你也知道柳樹林的祕密了，要是傳出去可就糟糕了。」

「我不會說出去的，我發誓！喵——」梨花高聲尖叫。

「不行，我必須守住自己的祕密。」怪獸還是搖頭。

他就這樣搖着頭，我們頭上的屋頂、四周的圍牆忽然

就消失了。這時，我才發現，不知甚麼時候，天空已經下起雨來，柳樹林裏散發着濃濃的柳葉的清香。我們坐在柳樹下，昏昏沉沉地睡着了⋯⋯

「啾、啾、啾」，肩頭響起了一陣小鳥的叫聲，我慢慢睜開眼睛。雨還在下，柳枝泛着晃眼的亮光，搖曳着。周圍和先前沒有甚麼不同。我想伸開手臂，打個哈欠，伸個懶腰，不料卻吃了一驚——我的身體變得異常堅硬，簡直像木樁子一樣。我想說甚麼，卻發不出聲音。

我轉動眼珠瞥向旁邊，啊！楊永樂、梨花頭上都長出了柳枝⋯⋯我們被變成柳樹了！

怪獸呢？早就不知道跑哪裏去了。

之後又過了多久呢？我目送了一隻肉蟲子慢吞吞地從樹根爬到最高的樹枝上，一隻一隻地數了自己身上的螞蟻，聽知了唱了一遍又一遍乏味的歌⋯⋯

太陽升起，又落下，再升起，再落下。月亮也由彎鈎變得飽滿，然後再瘦回去。

我感覺自己像是站了好多年。

一天，又下雨了。黃昏的一場雷陣雨過後，不遠處的內金水河上出現了一道小小的彩虹。

「喂！你們在那兒傻站着幹嗎呢？」有人突然在我身後叫，「這是誰家的孩子啊？」

一個穿着制服、拿着手電筒的男人走了過來。可我動都沒動，柳樹怎麼能動呢？

「李小雨！楊永樂！果然是你們倆！」

手電筒的光照在我的臉上，就在那一瞬間，我的腿一軟，差點兒癱坐在地上。手電筒稍稍一偏，照向我的旁邊，我清晰地看到楊永樂慘白的臉。

「你們倆又在玩甚麼新花樣？」拿手電筒的人在我們臉上又照了一遍。我終於認了出來，他是保安部的陳叔叔。

「陳叔叔，這是哪兒？」我喘着氣問。

「斷虹橋。」陳叔叔張開大嘴笑了起來，說，「我看你們倆是玩迷糊了。天快黑了，趕緊回去吧。」

我抬起頭張望，沒錯，眼前就是內金水河上的斷虹橋。一隻石雕的怪獸，正威嚴地守在橋前。

「您……您能送我們回去嗎？」楊永樂有氣無力地問。

「送你們？」

「嗯，我們怕迷路。」

「你們倆還能迷路？」陳叔叔笑得更厲害了，「今天真是遇到怪事了。好吧，我就送你們回去吧。」

我們緊跟在陳叔叔後面，梨花更是寸步不離地跟着我們。經過斷虹橋的靠山獸身邊時，我們跑得飛快，看都不敢看他一眼。

┃ 故宮小百科 ┃

斷虹橋：位於紫禁城西太和門與武英殿之間，橫跨金水河，長約十九米，寬約九米，是一座南北向的單孔石券橋，橋欄橋柱雕刻非常精美。有一些學者認為，根據遺留下來的元代大都城南牆位置，可以推測出元代大內和元大都的中軸線就在故宮斷虹橋至城內舊鼓樓大街。比起曾作為明清皇宮的故宮，元代大內的位置會更偏西一些。學者姜舜源先生稱，故宮的斷虹橋就是元代大內崇天門外的周橋。

4
玉山歷險記

　　我慢慢地睜開眼，頭疼得要命，胃裏還一陣陣地犯噁心。我猜想自己可能是病了，不知道媽媽可不可以為我請一天病假。

　　怎麼會生病呢？我試圖回憶昨天晚上發生了甚麼。是吹了風？還是沒蓋被子？可是我甚麼也想不起來。

　　好啦！我決定起牀，去找媽媽要點藥，並讓她給班主任發條微信請假。我用胳膊支撐着想起身，就在這時，我突然發現，自己並不是躺在牀上。

　　準確地說，我是躺在茂密的樹叢裏，幾棵高大的松樹擋住了我頭頂上的天空。

　　我歎了口氣，我肯定睡在御花園裏了。這種情況以前也發生過，和楊永樂玩得太累了，倒在草地上就睡着了。我搖搖頭，也不知道自己在這裏睡了多久，反正肯定要挨罵了。

　　我費了很大勁才站起來，腳下的泥土很鬆軟，濕漉漉的。我心裏有點納悶兒，甚麼時候下的雨呢？

　　我環顧四周，看到除了松樹、灌木叢就是岩石。不對！這裏不是御花園！御花園沒有這種普通的岩石，也不會有這麼多雜草。這是哪兒呢？我朝更遠處望去，白茫茫的濃霧限制了我的視野。但我很清楚地意識到，我現在所在的位置，應該是一座山的山頂。

　　這是甚麼山？我還在地球上嗎？我甚至懷疑自己在睡覺時受到了外星人劫持。

　　我坐回到草地上，靠着一棵樹，雖然害怕，但我現在還算鎮定。和故宮裏的怪獸打交道多了，我的膽子也變大了些。我慢慢分析眼前的情況，看能不能想起甚麼。

　　昨天，我放學後直接到了故宮。寫完作業後，我去儲秀宮找楊永樂聊了一會兒學校的事情，然後，和平時一樣去食堂吃晚飯。要說有甚麼特別的事，只能說當晚食堂的湯太鹹了。不過這沒甚麼奇怪的，食堂裏菜品的味道多取決於廚師那天的心情，哪怕同一道菜，在不同的日子味道

也會有所差別。

　　然後呢？我仔細回想着。我從食堂走回媽媽的辦公室，那是個晴朗的夜晚，空氣裏飄着花香。一路上我都沒有碰到任何人，只遇見了幾隻在牆頭無聲經過的野貓。回到媽媽的辦公室，我禁不住眼皮打架，很早就上牀睡覺了。就這樣！和我在故宮度過的幾百個晚上幾乎沒甚麼不同。到底是哪裏出了問題呢？

　　「真是遇到怪事了！」我鬱悶地大叫一聲。

　　沒有人回答，我卻聽見從茂密的灌木叢中傳來「窸窸窣窣」的聲音。我「騰」的一下站了起來。啊！這裏還有別的東西，這真讓人害怕。

　　我該怎麼辦？離開這裏嗎？我心中忐忑不安。

　　就在這個時候，我感覺到灌木叢中有甚麼東西似乎正向我慢慢靠近，如果不是牠「呼哧、呼哧」地在使勁聞着甚麼，我可能根本意識不到牠的存在。

　　這讓我聯想起《動物世界》裏豹子或者獅子捕食時的情景。聽聲音，也許我很快就會和牠面對面了。

　　灌木叢被分開了，一頭黑乎乎的野豬走了出來。牠足有一頭牛那麼大，嘴巴突出，還長着兩隻尖尖的獠牙。

　　我連做夢都沒想到，我會在沒有任何保護的情況下，獨自面對一頭野豬！

我嚇得來不及思考，轉身就跑。我跳過石塊，穿過灌木叢，飛快地向山下跑去。不用回頭我也知道，那頭野豬一直在追我，我能聽到背後不遠處傳來的聲音。

我根本不知道自己是甚麼時候甩掉野豬的，只是在我實在跑不動的時候才發現，牠已經不見了。我躲到一塊岩石後面，心裏暗自慶幸：還好野豬不算動物中跑得快的那一類。

居然有野豬，難道這裏是原始森林嗎？我絕望地想。自己怎麼會出現在危險的原始森林裏？我摀住臉，不敢相

信這是真的。

　　我的衣服被汗水浸透了，嗓子乾得快要冒煙，必須得找水喝，我扶着岩石站起來。森林裏並不安靜，在山坡矮一點兒的地方，時不時傳來「哐、哐」的回聲，像是甚麼金屬撞擊岩石的聲音。

　　俗話說「水往低處流」，我沿着山坡往下走去，一邊尋找小溪，一邊想尋找那聲音的來源。萬一是有人在鑿山呢？我想起自己喜歡看的電視節目《荒野求生》，主持人貝爾的每次冒險都是以找到人類蹤跡結束的。我現在終於可以體會他在荒郊野外看到人的感覺了，要是我也能那麼幸運，一定會激動得哇哇大哭。

　　我艱難地向前走着，也不知道走了多久。天上有一個看起來模模糊糊的太陽，但它的位置似乎從來沒動過，這讓我有一種時間靜止的錯覺。

　　就在快要累垮的時候，我終於看到一條清澈的小溪，裏面的水幾乎是透明的。我渴得來不及考慮溪水裏有沒有細菌，便趴在水邊大口大口地喝了起來。

　　喝飽ㄌ水，我站起來沿着小溪繼續往下走。這也是《荒野求生》教我的，沿着溪流走能確保不迷失方向。

　　「哐、哐」的聲音越來越大了，我朝着那個方向跑去。等到我鑽出一片樹林，來到開闊地帶的時候，我簡直不敢

相信自己的眼睛。

　　幾百個身披獸皮、腳穿草鞋的人正拿着石頭、骨頭、木頭做的原始工具，鑿山石，砍樹木……

　　我到底在哪裏？這些都是甚麼人？

　　難道，我穿越到古代了？

　　有人看到了我。

　　「喂！她在那兒！」那個人大喊。

　　其他的人也紛紛看向我。

　　「是她嗎？」

　　「錯不了，和伯益說的一模一樣！」

　　「快抓住她！」

　　…………

　　於是，我又開始奔跑。這些原始人，他們抓我做甚麼？難道是食人族？我開始懷念自己生活的那個安全、穩定的文明社會。

　　一塊石頭把我絆倒了，我掙扎着爬起來，但身後的人已經朝我撲過來，並抓住了我的胳膊。

　　「你們一定認錯人了，我不認識你們！」我一邊掙扎，一邊尖叫。

　　「放鬆一點兒，李小姐。」一個文質彬彬的古人走到我面前，其他人看到他紛紛行禮，我猜他是個大官。

「你認識我？」

「是的。就是我把您請到這裏來的。」他微微一笑，「歡迎您來到龍門山，幫助我們治理洪水，我是伯益。請讓我介紹一下我們的首領——禹。」

一個高大的、留着鬍子的男人走到我面前點了點頭，他一手拿着標有刻度的繩子，一手拿着用木頭做的規尺，旁邊的人紛紛跪了下來。看得出他是他們的首領。

禹？治水？怎麼聽起來那麼耳熟？我皺着眉頭想了想，啊！我想起語文課本裏「大禹治水」的故事，他就是大禹——中國最早成功治理洪水的英雄？我眨了眨眼睛，天啊！難道我一下子穿越到了四千多年前？

「我……為甚麼會在這裏？」

「因為我們需要您的幫助。」禹說，「以我們的智慧已經解決不了面臨的問題，必須請神仙來幫忙。」

我更奇怪了：「那和我有甚麼關係？」

「您就是我們請來的神仙。」伯益接過話。他的眼神銳利，我從書裏知道他在那個時代是個發明家，就是他發明了鑿井技術，讓人們使用上了水井。

「你們弄錯了！」我苦笑着說，「我不是神仙！」

「我不知道您那個地方怎麼稱呼您，但在我們這裏，您就是神仙。」伯益說，「天象說您能幫助我們，所以我才冒

險在您喝的湯裏放入了押不蘆草，把您帶到了這裏。」

「押不蘆草是甚麼？毒藥嗎？」我臉色蒼白。

「不，是一種麻醉劑。」伯益回答。

果然是晚餐時的那碗湯，我咬了咬牙。原來那不是因為廚師加多了鹽，而是有人加了麻醉劑！如果不是因為我的雙手被兩個人拽着，我真想衝到他前面，打他一拳。

「我不想與你爭辯，但你們確實弄錯了，我幫不了你們，我根本不會治水。《大禹治水》的課文我都背了一個星期才背下來……」等等！我閉上嘴。

也許我真的能幫上忙。

禹不動聲色地看着我。

「沒經過您同意，就把您帶到這裏，我很抱歉。我們的確失禮，也是迫不得已。」伯益說，「還請您原諒。」

我根本沒有聽他在說甚麼，我所有的心思都放到了《大禹治水》那篇課文上。那是一篇必考課文，老師要求全文背誦。我費了好大的勁才背下來，現在看來要派上用場了。

「你們剛才說，遇到甚麼問題？」我問。

聽到我這麼問，禹和伯益都露出了高興的神色。

「您願意幫助我們了？」伯益問。

「還不知道我是不是真能幫上忙。」我含糊地回答。

「請跟我來！」禹揮了一下手臂，身後的人羣立刻讓出一條道路。

我跟着他，深一腳淺一腳地，來到了一座高聳入雲的山峯前。

「這座山叫龍門山。」禹說，「我將黃河水從甘肅的積石山引出，可是水流到這裏卻被擋住。我已經查看了地形，只有把這裏鑿開，才能讓河水通過，流入大海。但是這龍門山又高又大，我們實在不知道從哪裏下手。」

「龍門山？」我想起課文裏正好有這一段，「大禹開鑿天險龍門山」。太好了！

「龍門山的中間有一個天然的小缺口，你們找找看。」

聽我這麼說，禹和伯益的眼睛閃現出了光彩，他們立刻通知山上的人去尋找。過了一會兒，山上傳來信號，大家在一塊巨大的岩石後面，找到了一個非常狹窄的缺口。

「太好了！」禹鬆了口氣，「我們只要把水引到那個缺口就可以流進大海。」

但伯益卻皺起了眉頭：「首領，這樣狹窄的缺口在黃河的枯水期當然沒甚麼問題，可是一旦到了汛期，洪水來的時候，黃河裏攜帶的泥沙很容易把它堵上，那時候洪水就又要氾濫了。」

禹點點頭，轉向我：「仙姑還有甚麼好辦法嗎？」

仙姑？我嗎？我忍不住笑出了聲。但看到大家一臉嚴肅地看着我，我趕緊止住笑，假裝咳嗽了幾聲：「咳、咳……伯益說得很對，要想讓洪水更快通過，還是需要拓寬缺口。最省力的方法，就是藉着那個缺口再擴寬八十步就可以了。」

禹拿着手裏的準繩和規尺，與伯益一起蹲在地上商量起來。我想起曾經看過的一本考古雜誌上說，考古學家發現，大禹時代的人們已經掌握了一定的測量技術。河南登封王城崗遺址的考古發現，幾百米長的人工城壕底部高差只有不到四十厘米。此外，城壕與自然河流相連接，不僅增加了防禦效果，同時還可以排水防災，並對水資源進行再利用，這樣高明的設計和施工水平只有那些長期與水打交道，並積累了無數經驗的人才能做到。

「就按仙姑說的做！」禹向我施了一禮，轉身撩起袖子，帶着一羣人向山上走去。

伯益沒有走，他客客氣氣地對我說：「多謝仙姑幫忙！請您隨我來，我這就送仙姑回家。」

我跟在伯益身後走下山崖，到了一塊平坦的開闊地，那裏搭着一些簡單的茅草房，伯益領我走進其中一間房屋。

「我這就幫您準備藥茶，請您稍候。」說完，他就忙着燒水、研磨草藥。

　　我無聊地翻起面前的一些畫着奇怪符號的龜殼問：「這是甚麼？」

　　伯益微微一笑說：「我隨禹治水，走遍千山萬水，見識了各種奇花異草、奇異風情，便將這些都記錄下來留給後人，想命名為《山海經》，仙姑覺得如何？」

　　我尖叫起來：「《山海經》……是你寫的？」

　　伯益點點頭。

　　我實在太吃驚了，那本記錄了數百種怪獸和無數奇異動植物的《山海經》，居然就是我眼前的這個穿着獸皮的人寫的！如果有紙和筆，我一定會馬上請他簽名。

　　「你見過怪獸？」我瞪大眼睛。

　　「這一路上沒少和各種珍奇異獸打交道，着實非常有趣。」他回答。

　　「你一定要把《山海經》保存好，千萬別弄丟了。」我囑咐伯益。

　　他奇怪地看着我，問：「仙姑要是喜歡《山海經》就拿去好了。」

　　「不，不！」我一個勁兒地搖頭說，「我怎麼能拿走呢？你要把它傳給後人，一直流傳下去。」

　　「謹遵仙姑吩咐。」

　　藥茶煮好了，我端起石頭杯子，一口氣喝了下去。

眼前的景象開始變得模糊，不一會兒我就失去知覺，暈了過去。

等到再睜開眼睛時，我發現自己躺在一盞白色的探照燈下。地板有點兒涼，我暈暈乎乎地站了起來，四處打量。

這裏佈置得像一個展廳，不！這就是一個展廳。當我看到那尊白玉佛手時，我馬上意識到，這不是寧壽宮的珍寶館展廳嗎？

一座和田玉山豎立在我面前。

我知道它，它是故宮的鎮館之寶——《大禹治水圖》玉山。聽說它是中國玉器中用料最多、花費時間最久、費用最高、雕琢最精細的玉雕，也是世界上最大的玉雕之一。

不過，就是因為它太大了，我從來沒有仔細看過它。但此刻，我卻被它的解說牌吸引了。

解說牌上寫着：「《大禹治水圖》玉山。玉上雕有峻嶺、瀑布、古木、蒼松。在山崖峭壁上，成羣結隊的勞動者開山治水。大禹治水題材取自我國上古傳說，當時，整個華夏大地洪水氾濫，大禹率領民眾，與自然災害中的洪水作鬥爭，最終取得成功。」

我重新看向玉山，那上面的景色格外眼熟。我恍然大悟，原來我自始至終都沒有離開故宮，那場刺激的歷險其實就在這座玉山之上。

‖ 故宮小百科 ‖

寧壽宮：寧壽宮位於皇極殿後方，建於清代康熙二十八年(1689年)。今天我們所指的寧壽宮，起初是有前後殿的寧壽宮的後殿，到了乾隆年間，它的前殿改為皇極殿，寧壽宮的匾額就掛到了後殿。

寧壽宮建的內外簷裝修及室內間隔、陳設都仿造了坤寧宮的式樣。它的特點在於體現了滿族的傳統風俗。宮內有一間房子，設置了滿族人祭祀神明時煮祭肉的鍋灶；還有祭祀的房間，裏面有炕，還有薩滿教的神位及跳神法器；為了滿足烹飪和散煙的需要，寧壽宮後殿還建有兩座銅頂煙囪。

寧壽宮區域還有一座名為樂壽堂的建築。清乾隆三十七年（1772年）建成。乾隆皇帝將它作為退位當太上皇之後的寢宮，御題「座右圖書娛畫景」聯句，故此堂亦稱寧壽宮讀書堂。光緒年間，慈禧太后曾在此居住。現在這座宮殿是故宮博物院的文物陳列室。

大禹治水圖玉山：這座重五噸的玉雕製造於乾隆年間，高224厘米，寬96厘米，銅底座高60厘米。這座玉山的材料是來自著名玉石產地新疆和田的青玉，以宋代人《大禹治水圖》為底本，請揚州工匠雕刻了傳說中大禹治水的故事。整塊玉就像一座巍峨高山，裏面山峯羣聚，洞穴深幽，林木茂密，彷彿可以聽見山中瀑布水聲，以及人們開山治水的勞動呼喊。

玉山正面中部刻有乾隆帝陰文篆書「五福五代堂古稀天子寶」十字方璽。玉山背面上部陰刻乾隆皇帝《題密勒塔山玉大禹治水圖》御製詩：「功垂萬古德萬古，為魚誰弗欽仰視，畫圖歲久或湮滅，重器千秋難敗毀。」玉山背面下部刻篆書「八徵耄念之寶」六字方璽。玉山雕成以後，乾隆帝下旨將其安放在寧壽宮樂壽堂內。

5
單腳怪

我的洞光寶石耳環丟了！

那隻閃爍着五彩光芒，一直被我當寶貝掛在脖子上的洞光寶石耳環，在前一天的晚上，不知被我丟在甚麼地方了。

我努力回憶着當天發生的事情：和楊永樂在御花園玩，然後回到媽媽的辦公室寫作業，睡覺前在西三所的熱水房洗了臉。

是在洗臉時弄丟的吧？可能一彎腰，掛着耳環的紅繩就從脖子上滑了下來。可是我找遍了熱水房，連耳環的影子都沒看見。

「您昨天清掃的時候，有沒有看見一隻耳環？」我問打

掃衞生的阿姨。

單
腳
怪

「耳環？」阿姨努力回憶了一會兒，然後搖了搖頭，「沒看到甚麼耳環。」

離開熱水房，我朝儲秀宮跑去。這時候我能想到的，只有找楊永樂幫忙了。

可是，失物招領處裏卻沒有楊永樂的影子。「他昨天晚上發高燒。」他舅舅說，「回家養病去了。」

我呆立在那裏，怎麼這麼不巧呢？

從儲秀宮回來，路過御花園，我突然聞到一股甜甜的花香。這是甚麼花的香味呢？感覺好熟悉啊。

御花園門口，一位園丁阿姨正在和朋友聊天。

「最近御花園裏發生了奇怪的事情呢。」

她的朋友來了興趣，問：「甚麼奇怪的事？」

「有一棵桃樹居然開花了。」

「現在這種天氣？桃花不是應該在春天開嗎？」

園丁阿姨壓低聲音說：「就是啊，現在都快到秋天了。這可不是甚麼好兆頭，不知道要發生甚麼怪事呢。」

夏末的時候開桃花，到底是甚麼原因呢？我一時忘記了耳環的事情，改變方向朝寧壽宮跑去。這個時候野貓梨花會在珍寶館的院子裏曬太陽，關於這種怪事去問她準沒錯。

梨花在陽光下趴着，正眯着眼睛舒適地享受，被我的

突然出現嚇了一跳。

「你聽說御花園的怪事了嗎？」我問。

「喵，喵——」梨花張嘴發出了貓叫的聲音。

我吃了一驚，梨花怎麼變得不會說話了？但很快我就明白了，不是梨花變了，而是我丟了洞光寶石耳環後，再也聽不懂她說的話了。

我愣在那裏，看着梨花不停地衝我叫，可是我完全不知道她在說甚麼。

過了好一會兒我才開口：「梨花，我的洞光寶石耳環丟了，我現在聽不懂你說的話。不過，我希望你還能聽懂我的話。如果你能聽懂，一定要幫我個忙，讓所有的野貓幫我找洞光寶石耳環，可以嗎？」說到這裏，我的聲音都顫抖了。

梨花吃驚地眨巴着眼睛，又叫了兩聲，就扭頭離開了。

我不知道她有沒有聽懂我的話，也不知道她會不會幫我這個忙。

我低着頭，失落地走回媽媽的辦公室，一下子癱倒在椅子上。

這下完了！我再也聽不懂動物們的話，更別提看到怪獸和神仙了。之前的日子像夢一樣浮現在我眼前，那麼精彩的歷險，難道就這樣結束了嗎？

我用力甩甩頭，不要結束！我一定要把洞光寶石耳環

單
腳
怪

找回來!

雖然這樣想,但是丟掉的東西哪有那麼容易找回來呢?

連續幾天,我都低着頭走路,只要看到路上有閃亮發光的東西,就會衝過去看一看。但那些東西不是硬幣,就是玻璃、釘子之類的。那麼漂亮的耳環,誰撿到了都會像我一樣藏起來吧?這麼一想,我就更傷心了。

沒有洞光寶石耳環的日子非常無聊,野貓、鴿子、烏鴉、刺蝟⋯⋯這些小動物就算碰到,我也聽不懂他們說甚麼,而怪獸和神仙們連見都見不到了。

我每天都會跑到失物招領處去問楊永樂的情況。

「小雨可真關心朋友啊。」楊永樂的舅舅讚歎道,「不過他這次病得很厲害,估計還要等幾天才能來故宮裏玩。」

我仍然會按時給野貓們喂罐頭,盼望着哪天梨花會叼着洞光寶石耳環放到我的手心裏,但是,這幕情景卻一直沒發生。

所以,這天夜裏,當我意外地在院子裏碰到一個陌生的怪獸時,別提有多吃驚了。

這是我在半夜上廁所時發生的事。那個怪獸一條腿站在昏暗的院子裏,彷彿是樹的影子。

我好奇地走近他,藉着並不明亮的月光,我模模糊糊

地看到一張人臉。我吃驚地盯着他，沒錯，他有一張年輕男人的臉，卻有龍的身體，身下還有一隻腳。

雖然早就聽說過有人面怪獸，但我還是第一次親眼看到，我的心猛烈地跳起來。

人面怪獸臉上露出微笑，他伸出手，那是一隻類似於人類的手，掌心攤開後，上面有一隻耳環。

我忍不住向前邁了一步，屏住呼吸凝視着耳環。啊，正是我丟的那隻，上面還拴着紅繩！

「你……你撿到的？」我輕聲問。

怪獸點點頭，又把手往我面前送了送。

「是要還給我嗎？」我小心地從他手裏接過耳環。洞

單腳怪

光寶石耳環在我手裏閃爍了一下，像一滴反射着朝霞的露水似的。我把紅繩掛到脖子上，耳環貼在我胸前，又重又熱。沒錯，就是這種感覺。

我感激地望着眼前的怪獸，說：「謝謝你把它還給我！這隻耳環對我來說特別重要。」

「我聽野貓們說，這是你丟的。」怪獸開口說話了，「這麼貴重的東西丟了，我想你一定很着急。」

謝天謝地！我又能聽懂怪獸的話了。

「是的。」我使勁點點頭，「你在哪兒找到它的？」

「在西三所的排水井旁邊。」他回答，「我從文華殿出來，路過那裏，看到有東西一閃一閃的，就撿了起來。」

看來耳環是順着熱水房的水流流到了排水井裏，怪不得我怎麼找都找不到。

「你來自文華殿？那你是陶瓷上的怪獸？」文華殿是展出陶瓷的地方，陳列着從新石器時代到清朝時期四百多件漂亮的瓷器。

「可以這麼說。」

「那你是甚麼怪獸呢？」

「你猜？」怪獸像個頑皮的孩子似的，眨眨眼。

我盯着他，上上下下看了好幾遍，然後小聲說：「我猜……你是龍的兒子！」

「為甚麼這麼說？」怪獸不高興地嘟起嘴。

「你的身體有點兒像龍⋯⋯」

「但我和龍沒甚麼關係，我是一個獨立的怪獸，無論是出生地還是血緣都和龍沒有關係。」他說。

「哦，那我猜不出來了。」

怪獸得意地笑了，說：「我就知道，因為就算你看到我的名字，你也不一定認識那個字。」

「哼，我已經上小學五年級了！認識好多好多字呢，你別小看人！」我不服氣地說。

「那我考考你！」

說着，怪獸蹲下來，撿起一根小樹枝在地上畫了起來。

我湊過去，仔細看。地面上寫着一個「夔」字，我撓撓頭，世界上怎麼會有這麼複雜的字。

「你認識嗎？」怪獸問。

「不認識。」雖然不願意承認，我還是搖了搖頭。

「這個字唸『kuí』，和『葵花』的『葵』同音。」怪獸搖着腦袋說，「我的名字就叫夔龍。」

「夔⋯⋯龍⋯⋯」我小聲地跟着唸，真是個難寫的名字，但是為甚麼我聽着那麼耳熟呢？

對了！不久前，我不是剛剛聽角端提起過這個名字嗎？

單腳怪

　　「我聽說過你。」我說，「角端跟我說過，你經常出現在明朝、清朝時的瓷器上，象徵着生機勃勃的春天。」

　　「小姑娘知道的事情還真不少。」夔龍有點兒吃驚地看着我說，「以前，人們的確叫我春天的怪獸，因為我有讓萬物生長的法力。我經過花枝旁，花朵就會開放；我踏過土地，小草就會冒出來；我經過乾枯的樹枝旁，樹枝就會長出新芽。」

　　「好厲害啊！」我讚歎道，「那你能不能也讓我快速生長，讓我長得高高的？」

　　夔龍笑着說：「這很簡單，只是讓你一下子長高，你不就長成大人了嗎？但是，你真的願意那麼快長大嗎？」

　　我猶豫了，要是一下子變成大人，爸爸、媽媽肯定不認識我了，倒是不用上學了，可是上班的話我甚麼都不會啊。

　　「哎呀，還是算了。」我趕緊說，「等我準備好了再長大吧。」

　　一陣風吹來，天空中厚厚的雲被吹散了，月亮露出了頭。皎潔的月光照在夔龍的臉上，仔細一看，還真是一張很有英氣的臉呢。

　　「你的臉，永遠都會這麼年輕嗎？」我好奇地問。

　　「這個嘛……也許五萬年後會變個樣子。」

　　「五萬年！」我吐了吐舌頭，那時候，沒準兒人類都不

存在了。

「別忘了，我是春天的怪獸，春天的臉難道不就應該是這樣年輕、有生氣的臉嗎？」

我看着那張臉，嗯，也對，這個樣子才有春天的氣息，如果換成一張老人的臉，人們見了難免會先想起冬天吧。

「既然你是春天的怪獸，那為甚麼會在夏天出現呢？」

「這個啊……」夔龍歎了口氣，說，「我也不明白啊。每年我都會在立春那天準時醒來，然後再在立夏那天沉睡。這樣已經過了幾百年，從沒出過錯。可是前兩天，我做了個好玩的夢，結果就醒過來了。醒來以後，我還以為是立春了，就在御花園轉了一圈，把一株桃樹的花朵都催開了。突然，頭頂上傳來蟬的叫聲，我才發現，這是夏天啊。」

「是睡糊塗了吧？」我問。

「不知道。」他搖着頭說，「那是個奇怪的夢，就好像有誰在召喚我醒來一樣。」

我忍不住問：「是甚麼樣的夢呢？」

「一個女孩像沉入海底一樣地沉到我的夢裏。」夔龍陶醉般地瞇着眼睛，「女孩梳着辮子，穿着長裙，繫着粉色腰帶，像花朵一樣輕輕飄舞。她一邊飄舞，一邊不斷地喊着

我的名字，『夔龍……夔龍……』就這樣溫柔地喊着，結果我就被她叫醒了。」

「然後呢？」

「然後，我就像被施了魔法一樣，非要到御花園裏走一圈不可。」他說，「到了御花園，我看到一株桃樹，樣子別提多可愛了。心想，不知道開了花有多漂亮，於是就讓那株桃樹開花了。」

「原來是這麼回事。」我想了想說，「你夢裏的女孩不會是桃樹精吧？」

「桃樹精……」夔龍入神地嘟囔着，「我不認識她，她為甚麼要來到我的夢裏呢？」

「這個好辦，我們去問問她就知道了！」我拍拍身上的土站起來。

我走在前面，夔龍用一隻腳，一蹦一蹦地跟在我身後。我們很快就到了御花園的桃樹前。

我走近那株桃樹，眼前是一片淡粉色。我如同產生幻覺一般，大氣也不敢喘，甚至連眼睛都忘記眨了，粉色的桃花在蟬鳴中開放，這是我從來沒有見過的景象。

「是你到夔龍的夢裏叫醒他的吧？」我拍拍樹幹問，「為甚麼要叫醒他呢？發生了甚麼事情啊？」

喀嚓、喀嚓……

單腳怪

　　像是有誰在折斷樹枝似的，從樹上傳出了「喀嚓、喀嚓」的聲音。

　　我圍着樹轉了一圈，甚麼也沒有。但是「喀嚓、喀嚓」聲卻一直沒停。我忍不住打了個冷戰。

　　「誰？」我大聲地問。

　　從樹裏 —— 確實是從桃樹的裏頭，發出了一個聲音：「我是桃樹精呀，不是你在叫我嗎？」

　　接着，一個穿着淡粉色長裙、繫着淡粉色腰帶的女孩從樹後面鑽了出來。她的臉蛋兒和眼皮都是淡粉色的，我猜她一定就是桃樹精。

　　我點點頭，回答道：「沒錯，是我在叫你！因為有問題要問你。」

　　桃樹精看了看我身旁的怪獸夔龍，點點頭說：「我明白了，你問吧。」

　　「為甚麼現在叫醒夔龍呢？他可是春天的怪獸啊。」

　　桃樹精笑着說：「就是因為現在不是春天，才要叫醒他啊。他不是擁有能讓我開花的魔法嗎？要是春天的話，不用他幫忙，我也能開出美麗的花朵。但是在夏末，只能請他幫忙了。」

　　我睜大眼睛問：「你的意思是說，你是為了開花才叫醒他的？為甚麼要在這時候開花呢？正常開花、結果、落

葉，不是挺好的嗎？」

「你說得沒錯，以前每年都是那樣做的。可是今年無論如何我都要在秋天前再開一次花。」桃樹精充滿深情地歎了口氣說，「因為在春天的時候，我戀愛了⋯⋯」

原來，春天桃花開放的時候，桃樹精愛上了一隻豆雁。橘色嘴巴、橘色腳趾的豆雁每年春天會飛到北京，秋天時再離去。

豆雁說，就喜歡桃樹開花時的樣子。眼看秋天臨近了，豆雁要飛到暖和的南方去了，桃樹精無論如何想再開一次花給他看。

「我總想着，如果再讓他看到我開花的樣子，這個冬天，他無論如何也不會忘記我吧。也許，等到明年春天，他還會飛來找我。」桃樹精一邊說一邊羞紅了臉，「但是靠我自己的話，這件事無論如何也是做不到的。沒有辦法，我才闖進了夔龍的夢裏，讓他無論如何幫幫我。」

「原來是這樣。」夔龍點點頭。

「真對不起啊，打擾您的美夢了吧？」桃樹精轉向夔龍，深深地施了禮。

「沒有，沒有。」夔龍擺着手說，「多虧了你，我這麼多年都沒有做過這麼有意思的夢了。」

桃樹精笑了：「因為您的幫助，我達成了心願，沒有甚

麼遺憾了。今天晚上，這些桃花就會凋謝，不會再給您添麻煩了。」

夔龍點點頭。

離開御花園，我剛要和夔龍告別，卻被他一把抓住了。

「李小雨，能不能幫我個忙？」

我意外地看着他問：「要我幫你甚麼忙呢？」

他有點兒不好意思地說：「能不能送我回文華殿呢？我雖然是有法力的神獸，卻也有個弱點，就是經常迷路。我已經在故宮裏轉了兩天，也沒能找到文華殿的大門。」

我哈哈大笑起來，原來夔龍和儲秀宮的神鹿一樣，都是愛迷路的怪獸啊。

單腳怪

「沒問題！」我痛快地答應，「故宮裏沒有我不認識的地方！」

在輕柔的晚風中，我把大怪獸夔龍送回了文華殿。即便是在月光下，那也是一座看起來很華麗的宮殿。

望着文華殿的大門，夔龍鬆了口氣：「這下我可以安安心心地再睡上一覺了。不知道還會夢到甚麼有趣的事呢……」

說完，他就消失在了茫茫的夜色裏。

‖ **故宮小百科** ‖

文華殿：文華殿始建於明初，位於外朝協和門以東，與武英殿東西相對。它在明代曾作為皇太子工作的地方，在傳統的「五行說」中，東方屬木，代表色是萬物生長的綠色，所以宮殿屋頂一度覆蓋的是綠色琉璃瓦，後來才換為黃色。明末李自成攻入紫禁城後，文華殿建築大都被毀。清康熙二十二年（1683年）重建，乾隆年間又在附近修建了文淵閣。

明清兩朝，文華殿是定期舉行經筵——即帝王為了講論經史設立的御前講座的地方。明清兩朝殿試閱卷也在文華殿進行。

明代設有輔導太子讀書的「文華殿大學士」一職。清代在「三殿三閣」的內閣制度下，文華殿大學士的職責變為輔助皇帝管理百官政務，官居正一品，有了更大的權力。

夔龍：《山海經·大荒東經》中記載這種神話生物形狀像牛，沒有角，只有一隻腳，進出水的時候就會興風作雨，叫起來的聲音像打雷。也有傳說夔龍是上古時期舜的兩個大臣的名字，夔是司掌音樂的官員，龍是進諫的官員。

夔龍出現在很多青銅器、玉器和瓷器上，有的是單腳龍形的具體形象，有的只是一種幾何抽象裝飾花紋，被稱為夔龍紋。郭沫若在《中國史稿》中稱：「（殷代）浮雕或淺刻多半是器物上的花紋。最常見的花紋有饕餮紋、夔龍紋和雲雷紋三種。」

6
老柏樹的房客

御花園的欽安殿有三座院門，其中數天一門最氣派，門口還守着大怪獸獬豸。

從媽媽辦公室出發去上學的時候，我會故意繞道而行，經過這座大門時，總會碰到一位精神特別好的老爺爺在那裏掃地。

老爺爺拿着一把特大號的掃把，光着腳板，「嗨喲、嗨喲、嗨喲」地一路喊着掃下去。到了欽安殿的大門口，他會坐下來歇一會兒，和等在那裏的老奶奶說上幾句話，喝上一杯熱茶，然後再「嗨喲、嗨喲、嗨喲」地一路掃回天一門。

「爺爺奶奶，你們早啊！」

雖然不認識他們，但是碰到的次數多了，我開始主動打招呼。想必是故宮裏退休的老人吧，我想，在家裏待得太悶了，就來御花園幹點活兒，還可以鍛煉身體。

他們看到我會抿嘴一笑，點點頭。

可是，看起來這麼和藹的一對老人卻吵架了。

那天早上，御花園裏的睡蓮剛開，甜甜的香氣讓人心裏癢癢的。

我路過天一門，看見老爺爺一手拿着掃把，一手叉着腰，滿臉不高興地嘟囔着：「我已經這樣掃了幾十年了⋯⋯」

「你把蒲公英埋在樹葉下面了，見不到太陽，它們就開不了花。」老奶奶一個勁兒地埋怨。

「蒲公英厲害着呢，就算長在石縫裏也能開花，這點樹葉算甚麼。」老爺爺不服氣地說。

老奶奶拿眼角瞄了他一眼，頭一仰：「怎麼竟說這樣的蠢話！」

這下，可把老爺爺氣壞了。他把掃把一扔，一屁股坐到地上生起悶氣來。

「怎麼年齡越大，脾氣越壞呢？」老奶奶也背過身去，生氣了。

沉默了好一會兒，老爺爺突然蹦出一句：「我看咱倆還

是分開過吧！」

我被嚇了一跳，因為這麼點小事，老爺爺就要和老奶奶離婚嗎？

沒想到老奶奶連個磕巴也沒打，說：「我也覺得分開過好，綁在一起過了這麼多年，早就煩透了！」

「那東西要分一分！」老爺爺接着說。

「還用分？一人一半唄。」

「裁縫店和茶館還好辦，但旅館不能拆兩半啊？再說還有幼兒園⋯⋯」

呵！真沒想到，看起來這麼普通的老人家，家裏居然開了裁縫店、茶館、旅館和幼兒園呢！真讓人吃驚。

不過為一丁點兒小事就分家，是不是有些太誇張了？我剛打算勸勸他們，一個細細的聲音卻在我耳邊響起來：「千萬不能分家啊！」

我扭頭一看，喲！這不是松鼠一家嗎？兩隻拖着毛茸茸大尾巴的松鼠旁邊，還站着兩隻松鼠寶寶。

松鼠爸爸對老奶奶說：「那些落葉就交給我們吧，我正好抱回去墊窩，不會讓它們礙蒲公英的事。您不要生老爺爺的氣了。」

老奶奶說：「不光是這些落葉，那老頭子就是粗心，上次還堵了螞蟻窩的入口⋯⋯」

老爺爺急了，一下子跳了起來說：「我甚麼時候堵螞蟻窩了？」

　　「嘖嘖，還不承認！」老奶奶呃着嘴說，「就是樹根那裏的螞蟻窩，不是被你的落葉堵住了入口嗎？」

　　「螞蟻窩又不是只有一個入口，人家螞蟻都沒說甚麼，你怎麼老嘮叨這件事。」老爺爺氣哼哼地說，「我看還是分開過好，耳朵都被你的嘮叨磨出繭子了！」

　　「嗯，嗯。」老奶奶一個勁兒地點頭，說，「我早就想一個人省心地過日子了。」

　　「千萬不能分家啊！」又一個奇怪的聲音從我頭頂的方向傳來。

　　我抬起頭，看到的是一隻漂亮的虎斑蝶，他的翅膀簡直就像天鵝絨一般絢麗閃亮。

　　「一個人過日子有多孤獨，我是深有體會的。」虎斑蝶對老爺爺說，「收集樹漿和花露，去蜜蜂那裏買蜂糖，刷完杯子還要燒開水……就算再忙，也沒人能幫忙，累病了也沒人照顧。還是兩個人在一起互相照應的日子舒服。」

　　老爺爺反駁：「話雖這麼說，但一個人過日子，又輕快又沒人嘮叨。我已經聽了幾百年的嘮叨了，能靜下來聽聽風聲多好。」

　　「聽風聲？我看你就等着喝西北風吧！」老奶奶一點兒

也不示弱地說，「要是能不照顧這個老頭子，我也能幹點自己喜歡的事情。」

「別以為離了你我就沒法活！」老爺爺嚷了起來。

「那就分家吧！」老奶奶乾脆地說，「裁縫店歸我，茶館歸你，至於旅館和幼兒園……」

老奶奶突然朝着旁邊大柏樹樹枝上的一羣麻雀喊：「喂，你們的旅館想跟着我還是那個怪老頭兒？」

我暗暗吃了一驚：難道老爺爺、老奶奶開的旅館是麻雀旅館？

樹枝上的麻雀們被她這麼一問，亂作一團。

「不要分家啊！」

「還真鬧分家？」

「這可怎麼辦？」

…………

「旅館肯定要歸我。」老爺爺瞪圓眼睛說，「這種費力氣的買賣，你可幹不了。」

老奶奶瞪了老伴兒一眼，說：「平時旅館的事情你甚麼時候管過？還說我幹不了，哼！」

眼看着他們又要吵起來，一隻麻雀出聲了：「怎麼能說分家就分家呢？大家一起熱熱鬧鬧地過日子不是挺好的嗎？平時，多虧了你們照顧，我們才有個落腳的地方，怎

麼也不願意看到你們分開。兩位還是和好吧！」

「這種事除了兩口子以外，你們都不能理解。」老奶奶嘟嘟囔囔地說，「就算我們分開，也照樣會給你們很好的照顧，夏天的陰涼，秋天的果實，冬天的避風港……這些一樣也不會少。」

「話雖這麼說，但真要是分開了……」

麻雀的話還沒說完，老爺爺就嚷了起來：「你們不要勸了，這次我下定決心了，以後就一個人清清靜靜地過日子。掃地也好，鬆土也好，再也不會有人在一邊瞎抱怨。」

他一邊嚷，一邊偷偷瞄着老奶奶。老奶奶這回沒說話，只是喝着茶壺裏的熱茶。

「爺爺、奶奶這是要離婚嗎？」一個小得不能再小的聲音響起。

我左看看，右看看，找了半天，才在大樹上發現一隻長着長長觸角的天牛。他哆哆嗦嗦地站在那兒，隨時提防着樹枝上的麻雀。

天啊！連蟲子也來勸架了。

「我們的幼兒園，沒有你們可活不了啊。」天牛說，「那些白白胖胖的幼蟲，要是沒個安全的地方，就成了鳥兒們的午餐了。」

「幼兒園就由我來照顧吧！」老奶奶說話了。

老爺爺撇了撇嘴說：「你倒是甚麼事都想管啊。」

我越看越覺得有點兒不對勁，麻雀旅館、天牛幼兒園……這對老爺爺、老奶奶到底是甚麼人啊？

「這到底是怎麼回事啊？」一不留神，我脫口而出。

松鼠、蝴蝶、麻雀、天牛都吃驚地看着我。

「喲！忘了還有個小姑娘在這裏。」老奶奶捂住了嘴。

「李小雨！李小雨！她是李小雨。」幾隻認識我的麻雀嘰嘰喳喳地叫了起來。

「小姑娘，讓你看笑話了。」老爺爺不好意思地說。

我睜大眼睛問：「爺爺，您和奶奶到底是甚麼人啊？」

麻雀又搶話了：「爺爺、奶奶是柏郎和柏娘！是御花園有名的連理柏。」

我大吃一驚，御花園的「連理柏」誰會不知道呢？兩棵巨大的柏樹，樹幹在四百年的生長中融為一體。「在天願做比翼鳥，在地願為連理枝」，所以，故宮裏叔叔阿姨們都稱這棵樹為「愛情樹」。真沒想到，老爺爺、老奶奶是連理柏的樹精啊！

「你們是怎麼連在 起的呢？」我問。

「這誰還記得呢？」老奶奶說，「不過聽英華殿的九蓮菩薩說，前世我們有一段未結的姻緣，柏娘和柏郎就是我們那時候的名字，我們曾在前世許願來世要生死不離。所

以，哪怕我們成了柏樹，今生也要一直纏在一起。」

我眨着眼睛說：「好浪漫啊。」

「都大把年紀了，還有甚麼浪漫不浪漫的。」老奶奶似乎羞紅了臉，老爺爺則低着頭不說話。

松鼠一家不知道甚麼時候跑到了我們身邊。

松鼠媽媽接過話對老奶奶說：「等秋天的時候，來我家裁縫店做條黃圍巾吧，我拿最上等的銀杏葉做，老奶奶戴上一定好看。人一打扮漂亮心情就好了，準沒錯。」

「她要是戴上黃圍巾，頭上肯定就像停了一百隻金絲雀。」老爺爺插嘴。

老爺爺這麼一說，大家都笑了，連一直繃着臉的老奶奶也沒忍住笑了起來。

我好奇地問松鼠媽媽：「你家裁縫店開在哪兒啊？」

「就在那兒！」松鼠媽媽指着連理柏上的一個大樹洞，說，「一過完夏天，生意就要忙起來了。狐狸訂的帽子、刺蝟訂的手套、野貓們的圍巾、老鼠們的大衣……恐怕連夜做都做不完。」

他呼了口氣說：「故宮裏的裁縫店，就屬我家生意好。不過再好也沒有虎斑蝶家的茶館生意好，誰讓人家是名店呢，連故宮外的飛蟲都會特意趕來。柏娘和柏郎家的店鋪，沒有生意不好的。」

「你家茶館裏都賣甚麼呢？」我扭頭問虎斑蝶。

虎斑蝶扇扇翅膀說：「我家主營蜂蜜、花粉特飲。最有名的是柏汁蜂蜜茶，都是用新鮮的樹汁和最好的蜜糖做的，好喝又去火。」

「真想嚐嚐啊！」我舔舔嘴脣。

虎斑蝶指着連理柏最高的一個樹梢說：「就在那裏，不過我們只接待飛行類昆蟲。」

我望望那樹梢，那是一個閃耀着陽光和綠色的地方。在那裏喝茶，看到的風景一定很好。

「那天牛幼兒園又在哪裏呢？」我問老奶奶。

老奶奶瞇着眼睛說：「這你可看不見，他們都躲在樹皮下面呢。那些白白胖胖的天牛幼蟲，故宮裏的鳥沒一個不愛吃的。不保護好可不行。」

「真好啊！」我無比神往地說。

有蝴蝶的茶館、松鼠的裁縫店，還有麻雀旅館和天牛幼兒園，我都想在連理柏上安家了。

遠處颳來一陣風，帶來一大片烏雲，天空中突然下起了細細的雨。

「呀！下雨了！」

「下雨了！下雨了……」

松鼠躲回了樹洞裏，蝴蝶躲到了葉子下面，麻雀「呼啦」飛上了樹梢，天牛鑽到樹皮下面。老爺爺和老奶奶呢？迷迷蒙蒙的風和細細密密的雨絲吹過來，他們的身子逐漸變得透明，變成了淡淡的、不可思議的綠色的光。

「呀！要遲到了！」我跳了起來，三步併作兩步朝天一門外跑去。

剛跑幾步，就聽到身後有嬉笑聲，我猛地回頭，看到被雨淋濕了的連理柏發出了耀眼的光芒。那兩棵粗壯的樹幹經過多年的風吹雨打，早已長在了一起，看起來就像一棵柏樹一樣。

柏娘和柏郎真的會分開嗎？我才不信呢。那棵粗大的

樹幹裏，早已你中有我、我中有你，誰還能分得清呢？就算他們自己恐怕也分不清了吧！

故宮小百科

天一門：天一門位於紫禁城內廷中路御花園內，為南北中軸線上供奉玄天上帝的欽安殿院落的南門，明嘉靖十四年（1535年）建。初名「天一之門」，清代改為「天一門」。這個名字來源於《易經》中的「天一生水」，按古代陰陽五行學說北方屬水，欽安殿位於紫禁城中軸線北端，院門取這個名字就迎合了五行之說。此外，據說明代後期紫禁城多次着火，取這個名字，也有防止火災的意思。

天一門是故宮內比較少見的青磚建築，青磚一方面不易着火，另一方面色澤古樸典雅，給人以美的享受。天一門方向朝南，兩側琉璃影壁與院牆相連，門前左右陳列銅鍍金獅豸各一隻，御路正中設青銅香爐一座。天一門內有一株連理柏，它應該屬於檜柏類，雖然御花園內還有其他的連理柏，但這一株據說已經有四百多年的歷史，姿態也最優美。

7
鬼鳥的祕密

黃昏的天空中，一隻大鳥沿着舒緩的曲線飛過，在故宮的紅牆上留下好看的剪影。

忽然間，牠似乎捕捉到了甚麼信號，夾緊翅膀一個俯衝，故宮裏響起了幾聲尖利的鳥叫聲……

自古以來，就存在着一些人們口口相傳的妖怪故事。

比如，明朝最有名的醫生李時珍在《本草綱目》中就記載了這樣一個傳說：有一種鬼鳥，穿着羽毛外衣時為飛鳥，脫下羽毛外衣就會變成女人。牠會在黃昏和夜晚時在空中徘徊，找準時機偷別人家的孩子，帶回去自己養大。為了防止牠偷孩子，人們會使勁敲打牀，把牠嚇跑。

雖然現在科學越來越發達，互聯網也讓大家懂得越來越多的知識，但是這些口口相傳的妖怪故事卻沒有消失，只是時間、背景換了換而已。而我因為經常待在故宮這座古老的宮殿，又經常和那些已經數百歲的怪獸在一起，所以總能聽到這樣的傳說。

這段時間，故宮裏最新冒出來的傳說是關於「鬼鳥」的。第一次耳聞，是我在午門前的廣場餵鴿子時，聽兩隻聊得起勁的鴿子說起來的。

「你認識乾清宮的尖嘴兒吧？」那隻胖鴿子說。

「那隻麻雀，知道啊。他怎麼了？」瘦一點兒的鴿子表現出了興趣。

「我從他那裏聽說了一件挺嚇人的事……我們當中混進了一隻怪鳥，這隻鳥很早很早以前就在故宮出現過，但消失了好長一段時間，現在又出現了。」

「怪鳥？這種鳥當然有了。你說的是那些候鳥吧？春天飛過來，冬天就消失得無影無蹤。候鳥哪裏都有，不光是在故宮裏。」

胖鴿子急忙說：「不是，不是，不是候鳥啦。我說的那隻鳥，聽說已經在故宮消失上百年了。而且他只在黃昏和夜晚出現，那樣子醜陋極了，和一般的鳥不一樣。」

「我不太明白。」

「聽說，這隻鳥不是鳥類哦。」

「不是鳥類？難道是妖怪？」

「小尖嘴兒也不知道他是甚麼，但他聽年齡最大的那隻老麻雀說，以前，這種鳥被稱為『鬼鳥』。」

「鬼鳥？好可怕的名字。」瘦鴿子打了個寒戰，問，「他究竟會幹甚麼可怕的事呢？」

「不知道啊。不過應該不會幹甚麼好事吧。」

「他會不會吃鴿子啊，像老鷹一樣？」

胖鴿子搖搖頭說：「應該不會，最近沒聽說鴿羣裏有誰失蹤。」

「那就好。」瘦鴿子鬆了口氣，接着說，「不過話說回來，小尖嘴兒是怎麼知道的呢？」

「他看見了呀！昨天黃昏的時候，鬼鳥從他身邊飛過去，居然一點兒聲音都沒有。」

「鬼鳥長甚麼樣子呢？」

「他也沒說清楚，就說那鬼鳥落在樹上就不見了。」

「唔……」

「在哪兒看見的？」

「就在堆秀山那邊。」

瘦鴿子尖叫起來：「我還正準備去御花園吃櫻桃呢！」

「櫻桃是好吃，而且每年也就在這個季節能吃到。」胖

鴿子點點頭說，「不過，這兩天還是不要去那邊了，碰到鬼鳥就不好了。」

「那不是太可惜了⋯⋯」

我剛聽到這裏，突然一個幾十人的旅遊團穿過午門，在地上吃食的鴿子們一哄而散。

雖然兩隻鴿子講得像真的一樣，但我並沒有往心裏去。我在故宮裏聽過太多傳言了，大多過一陣也就沒人提了。直到那天傍晚，我親眼看到了傳說中的「鬼鳥」。

因為晚飯吃得太飽，所以當楊永樂提出去御花園玩的時候，我想都沒想就同意了。至於鬼鳥的傳說，早就被我拋到腦後了。

我們在小水塘邊待了一會兒，那裏蚊子太多，我們都被咬了好多個大包，於是改去萬春亭那邊玩。可是還沒走幾步，我們就看見一隻大鳥從昏暗的天空中俯衝下來，卻幾乎沒有聽到他發出任何聲音。

他有一雙特別大的眼睛，嘴有點兒像鷹嘴。就在俯衝的瞬間，他突然張開嘴，把我嚇了一跳。真沒想到，鳥嘴居然可以張得那麼大！

眨眼之間，大鳥就消失在一棵古松樹的後面。因為光線太暗，我沒看清那隻鳥羽毛的顏色，也沒看清他是不是逮到了甚麼。

「鬼鳥⋯⋯」我愣在那裏。

「你也知道鬼鳥？」楊永樂挺意外地看着我。

「我剛剛聽說的。」我回答，「你聽說過甚麼？」

楊永樂往花台上一坐，斜靠在大樹上，才慢悠悠地開口：「關於鬼鳥的傳說，可就多了。」

「快給我講講！」我湊到他身邊。因為親眼看到，我更想知道那是甚麼鳥了。

「《玄中記》裏說，鬼鳥有很多名字，姑獲鳥、天帝女、隱飛鳥、夜遊魂都是他的別稱，他們的叫聲就像夜晚行駛的車輛發出的聲音。傳說，他可以吸取人的靈魂，還喜歡偷人家的小孩，但對小孩子倒是挺有愛心的。」楊永樂突然壓低了聲音，故作神祕地說，「還有好多古書裏寫，鬼鳥其實有九個頭，只是咱們肉眼看不到。反正，所有書裏都說他是不祥的鳥。」

他說得倒是挺輕鬆的，我卻打了個冷戰：「你說的這些是故意嚇唬我的，對不對？」

「你害怕了？」楊永樂一臉得意，說，「也算不上嚇唬你，書裏的確是那麼寫的。」

我尖叫起來：「這麼可怕的妖怪，故宮裏那些神獸們不管管嗎？要是⋯⋯要是萬一出事怎麼辦？」

「出事？出甚麼事？」

「就像你說的那樣，偷小孩啊甚麼的⋯⋯」

楊永樂大笑起來，笑了好半天才停住，他問：「你是怕鬼鳥把你偷走嗎？」

我生氣了，噘着嘴不理他。都甚麼時候了？他還有心思嘲笑我。

過了一會兒，楊永樂湊到我耳邊說：「你想不想知道鬼鳥真正的祕密？」

真正的祕密？

「你剛說的那些不是真的嗎？」我皺着眉頭問。

「我說了，那些是書裏寫的。」楊永樂壞笑着說。

「那真正的⋯⋯」

沒等我問完，楊永樂就一把拉住我的手說：「走，我們去個地方。」

在又圓又大的月亮下，我們一溜煙兒地跑過御花園，穿過坤寧宮，跑到交泰殿。

交泰殿前，天馬正站在那裏，雪白的翅膀在月光下閃着亮光。

「天馬！」我高興地跑過去，好久沒見到他了。

「你們怎麼來了？」天馬很吃驚。

「我聽說今天有人在這裏訂了你的出租車，就過來碰碰運氣。」楊永樂一邊走，一邊說。

「這樣啊。」天馬笑得也很開心，「找我有事嗎？」

「沒甚麼大事。」楊永樂搖晃着腦袋說，「就是李小雨想知道鬼鳥的事情。」

我本以為，提起鬼鳥，天馬一定會皺起眉頭，沒想到他卻笑了：「鬼鳥啊，那可是我的老朋友了。至少有六七十年沒看見他了，沒想到今年他又回來了。」

我倒吸一口冷氣，說：「天馬，你是神獸，怎麼能和妖怪交朋友呢？」

「妖怪？」天馬莫名其妙地看着我，「你聽誰說鬼鳥是妖怪了？」

「古人的書裏都那麼寫！」

天馬看了看楊永樂，笑着說：「我明白了。好，那我就帶李小雨去見見鬼鳥吧。」

要見鬼鳥？我往後退了一步。

「別害怕，有我呢！」天馬說，「你剛才不是說我是神獸嗎？神獸的職責就是要保護人類。上來坐到我背上吧！」

我猶豫了一下，才乖乖坐到天馬背上。楊永樂也跟了上來，帶着一臉要看好戲的表情。

天馬「啪」地展開翅膀，就像開放的花蕾一樣，飛了起來。我們飛過紅牆，飛過重重宮殿，飛到御花園，降落在了四神寺的琉璃瓦屋頂上。

滑下天馬的馬背，我一眼就看見了鬼鳥。這裏沒有燈光，但也能看出他的眼睛又大又亮。月光下，我終於看清了他羽毛的顏色，是那種接近樹皮顏色的黑褐色，上面混着白色的粗糙斑點。

鬼鳥站在屋頂上，也看着我們。

「嘿，鬼鳥！」天馬熱情地打着招呼，「我和楊永樂帶來了一個新朋友——李小雨。」

鬼鳥沒說話，兩隻閃亮的眼睛直直地盯着我看。

我緊張地嚥了口唾沫才說：「你好……」

「剛剛在御花園，我見過你。」鬼鳥的聲音嘶啞又帶點金屬感，「你好像有點兒怕我？」

「我……我……怎麼會……」

「你不會把我當成妖怪了吧？」鬼鳥像是看透了我心裏在想甚麼，這把我嚇了一跳。

鬼鳥歎了口氣說：「人類的書裏為甚麼要那麼寫我呢？給我們取個難聽的名字就算了，還非要編故事。」

「難道……你不是妖怪？」我支支吾吾地問。

「我就是一隻鳥，只不過長得醜而已。」鬼鳥回答。

「鬼鳥的學名叫夜鷹。」楊永樂憋住笑說，「因為他們在夜間出現，羽毛看起來像樹皮，很容易隱身，飛起來沒有聲音，叫聲又尖銳，所以我們的祖先給他們取了『鬼鳥』的名字。歐洲人則叫他們『夜的噪雜者』，就是在夜裏製造噪音的鳥。」

「那吸取人的靈魂……」

鬼鳥搖搖頭說：「我最愛吃的東西是蚊子和蝴蝶，靈魂那種東西填不飽我的肚子。還說我抓小孩，我連一隻貓都抓不住，而且養人類的孩子也太麻煩了。有的地方也叫我們『蚊母鳥』，我覺得這個名字其實更適合我。」

「難道，古人在書裏寫的都是假的？」我瞪大眼睛問。

「這我怎麼知道？也許還有一種叫『鬼鳥』的妖怪存在，但肯定不是我。」鬼鳥說，「或者，那只是古代人類對我們的想像而已。不過那些傳說也太過分了。」

「這樣也好，至少沒人敢射殺你們烤鳥肉吃。」楊永樂笑嘻嘻地說，「要是那些書裏把你們描寫成味道鮮美又好欺負的鳥，估計你們早就滅絕了。」

鬼鳥苦笑着說：「就算不被射殺，和一百年前相比，我們的數量也減少太多了。六十多年前，因為樹越來越少，食物也不夠，我們離開了北京城。不過，今年這裏的樹又多了起來，食物也增多了，尤其是蚊子，又大又肥，所以我們就回來了。」

「沒錯！今年的蚊子又大又肥，我被牠們咬了渾身的包。」我一邊抱怨，一邊撓着身上的大包，「你一定要多吃些蚊子，幫我報仇！」

鬼鳥笑了，他的笑聲的確像車輛行駛發出的聲音，但我一點兒也不害怕了。

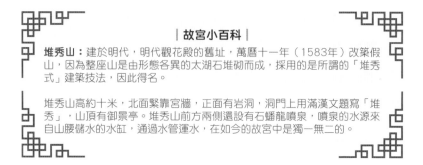

│ 故宮小百科 │

堆秀山：建於明代，明代觀花殿的舊址，萬曆十一年（1583年）改築假山，因為整座山是由形態各異的太湖石堆砌而成，採用的是所謂的「堆秀式」建築技法，因此得名。

堆秀山高約十米，北面緊靠宮牆，正面有岩洞，洞門上用滿漢文題寫「堆秀」，山頂有御景亭。堆秀山前方兩側還設有石蟠龍噴泉，噴泉的水源來自山腰儲水的水缸，通過水管運水，在如今的故宮中是獨一無二的。

8
商羊舞

天氣真熱。

我戴着遮陽帽，拖着書包往媽媽的辦公室走去。

明晃晃的太陽頂在頭上，照得我的眼睛都花了。經過慈寧宮花園的時候，我忍不住坐到了梧桐樹下，寬大的梧桐葉擋住了陽光，留下一片陰涼，我摘下帽子，鬆了一口氣。

要是能下一場雨就好了，我心想，不是那種茫茫一片、無聲的霧雨，而是那種「嘩啦啦」響、酣暢淋漓的大雨。只要下一場雨，天氣一下子就會變得涼爽起來，連空氣中的味道都會變得好聞。濕淋淋的泥土香味、喝飽水的

花朵、樹葉的清香……我不禁輕輕吸了一口氣，可是吸進去的卻是熱乎乎的空氣。

自從上次那場大暴雨後，北京已經有一個月沒下雨了。這段日子，每當我路過御花園、慈寧宮花園、寧壽宮花園這些地方，就會看見澆花的水龍頭一刻不停地噴着水。沒噴到水的土地，已經乾到開裂。

「甚麼時候能下場雨啊。」我這麼想着，不知不覺就說出了口。

「這還不簡單。」

不知道從哪裏傳來了一個細細的聲音。

「誰？」我嚇了一跳，朝四周打量了一圈，仰頭看看天，然後又低頭瞅瞅地。可是，我的身邊沒有一個人。頭頂只有茂密的梧桐葉子在搖晃着，地上只有一列排成長隊的螞蟻。

「是誰？快出來！」我吼了一嗓子。

然後，梧桐樹葉突然「嘩嘩」地響了起來，寬大的樹葉裏，露出了一張白皙的臉，並響起一串清脆的銅鈴聲。

「你是誰？」我往後退了一少。

那女孩回答：「我叫商羊。」她的聲音溫柔又甜美。

「你是從哪兒來的？」我突然想起最近故宮裏在排演舞蹈節目，就問，「你是舞蹈演員嗎？」

　　「你怎麼知道我最喜歡跳舞？」商羊高興地說，說完她輕輕一跳，從梧桐樹的樹梢跳到了地上，落地時銅鈴聲散落一片。我吃驚地發現，這是個只有一條腿的姑娘，她的腳腕上掛着鈴鐺。

　　哇！真了不起！一個殘疾人可以從這麼高的地方跳下來，我暗暗讚歎。

　　「你剛才說要是下場雨就好了，對嗎？」商羊問。

　　我點點頭：「天氣太熱了！」

　　「我能讓天下雨。」商羊仰着臉說，「雨師最喜歡看我跳舞了，我一跳舞，天就會下雨。」

「有這種事？」雖然這樣說，我心裏卻一點兒都不信，一條腿也能跳舞嗎？這個姑娘真愛吹牛。

　　「真的，真的！」商羊急着說，「你不信的話，我可以跳給你看。」

　　「那就跳來看看吧。」

　　聽我這麼說，商羊卻一臉為難：「可是現在不能跳。」

　　「為甚麼？」

　　我就知道，一跳的話她的謊言不就露餡兒了嗎？

　　「因為缺少一樣東西。」她說。

　　「缺少甚麼呢？」我問。

　　「缺少響板，沒有它的伴奏怎麼能跳舞呢？」她說。

　　「這個簡單，我幫你去找。」我拍着胸脯說。行政部的林叔叔他們組建了一個小小的民樂團，平時那些樂器放在哪裏我都知道。

　　我把帽子和書包交給她保管，就飛快地向西三所跑去。等我「呼哧、呼哧」地跑回來，商羊正伸着脖子等着我呢。

　　「你看這個行不行？」

　　我伸出雙手，露出一副響板。這對竹子做的響板，已經被磨得發亮。

　　「多麼好的響板啊！」她的眼睛裏放出了光彩。

商羊舞

「有了響板，你可以跳舞了吧？」

「嗯！」她點點頭，「我一定要好好跳一場舞！」

「喀嗒、喀嗒、喀喀嗒……」

商羊打響了手裏的響板，跳起舞來。這真是奇怪的舞蹈，她憑藉一條腿，跳躍、旋轉，天藍色的裙子像波浪般飛揚。她把白得透明的胳膊高高地揚起，響板的聲音「喀嗒、喀嗒、喀喀嗒……」，伴隨着腳腕上「丁零、丁零……」的銅鈴聲，渾然一體。

我看呆了。

這種用一隻腳跳的舞蹈，有一種奇特的魅力。

一滴水落在了我的鼻尖上，緊接着，第二滴、第三滴……沒過多久，豆大的雨點砸了下來，我盼望的大雨來了。

雨下得很急，我一邊招呼商羊躲雨，一邊躲到旁邊宮殿的屋簷下。

可是，商羊卻沒跟過來。她還在跳舞，在大雨中跳舞，而且越跳越快。她的背後透出魔幻般的光。我揉揉眼睛，沒錯，是淡藍色的光，商羊跳得越快，那光越亮……商羊的樣子變了，她白得透明的胳膊變成了翅膀，天藍色的裙子變成了尾羽，唯一的腿變成了鳥爪。是的，藍色的光亮下，商羊變成了一隻獨足鳥！

怎麼回事？這是在夢裏嗎？我掐了一下自己的大腿，好疼！不是做夢的話，一個好好兒的姑娘怎麼會變成鳥呢？

　　不知不覺雨停了，真是夏天的雷雨，來得快去得也快。

　　商羊累得癱倒在地上，又變回了剛才那個皮膚白白的、眼睛大大的姑娘，她身上的裙子是雨後藍天的顏色，卻一點兒都沒有被打濕。

　　「不行啊，還是不行啊⋯⋯」她低着頭，有些悲傷地說，「不是自己的響板就回不去。」

　　我蹲在她身邊，盯着她看。剛才是我眼花了吧，這明明是個姑娘，不是鳥。

　　「你要回到哪兒去？」我問她。

　　「回家。」

　　「你家在哪兒？遠嗎？」

　　「在北海之濱。如果我不會飛就回不去。」她說着奇奇怪怪的話。

　　「你剛才都看見了吧？」她抬起眼睛看着我，「我變成鳥的樣子，你都看見了吧？」

　　原來是真的！我沒有看錯。

　　我一屁股坐到地上，恐懼地睜大眼睛問：「你⋯⋯到底是誰？」

她笑了：「你不用害怕，我沒有騙你，我真的叫商羊。你不是第一個看到我本來樣子的人，四千五百年前，就有人看到過我，因為我有帶來雨水的魔力，所以人類也認為我是神獸。」

　　「你是……怪獸？」我大吃一驚。

　　「你們人類總是把長得和你們不同的物種叫作怪獸。」她噘起了嘴。

　　「對不起。」我小聲說。

　　「不是你的錯。」商羊又高興起來，「那副響板真的很好，敲起來很順手，聲音也清脆。能送給我嗎？」

　　「這可不行。」我連忙擺手，「它不是我的響板，我不能亂送人。」

　　商羊的眼神黯淡下來，說：「我本來有一副響板，和這副一樣漂亮。可是這次出來旅行，不知道丟在哪裏了。沒有了響板，我就不能跳商羊舞，跳不成商羊舞我就沒法變回原來的樣子，變不回原來的樣子我就沒法飛回家。」

　　「這副響板雖然不能送給你，但是借給你跳舞還是可以的。」我安慰她。

　　「不行，不行啊，剛才不是試過了嗎？」她說，「不是我的響板，就算跳得再起勁，還是會變回現在的樣子。」

　　我皺着眉頭想了想，說：「這副響板不能送你，不過故

商羊舞

宮外面的街上有一家樂器店，我去買一副新響板送給你不就成了？」

商羊笑了：「要是這樣就太感謝你了！」

「那明天我們再到這裏碰面好不好？」我問。

商羊高興地點點頭。

第二天一放學，我就跑到樂器店。架子鼓、薩克斯管、長號、小提琴、吉他……這些樂器被擺在寬敞的貨架上閃閃發光，卻唯獨沒有響板。

我轉了幾圈後，樂器店的老闆忍不住問：「小姑娘，你到底要買甚麼啊？」

「響板！」我回答，「就是那種拿在手裏，一碰就響的響板。」

「響板啊。」老闆鬆了口氣說，「在這裏。」

那是一個角落裏的玻璃櫃，上面已經落了土，但仍然能看清裏面擺着各式各樣的響板。

「我就要那個，竹子做的那個。」我指着其中一副。

老闆拿出響板幫我包好：「謝謝光臨。」

我頂着太陽往慈寧宮花園跑去。

「喂！小雨！」野貓梨花叫住了我，「你手裏拿的是甚麼？喵──」

「是響板。」我回答。

梨花歪過頭問：「響板？你要學打響板嗎？喵——」

「不，這是我要送給商羊的禮物！」

「商羊？難道是那隻獨足鳥？喵——」梨花吃了一驚。

「你知道她？」我睜大眼睛，梨花還真是一隻博學的貓，怪不得可以做《故宮怪獸談》的主編。於是，我把昨天遇到商羊的事情一股腦地告訴了她。

梨花點點頭，嘴裏嘀嘀咕咕地說：「喵——商羊居然出現在故宮裏……」

「怎麼？你要去採訪她嗎？」我問。

梨花趕緊搖頭，說：「我不去！商羊可不是個好對付的怪獸。喵——」

「甚麼意思？」我皺起了眉頭。

「有些事情不能多說。」梨花警惕地看了看四周，壓低聲音說，「總之，你記住我的話，千萬不要學商羊舞。那舞蹈有一種可怕的魔力，千萬不要變成商羊舞的俘虜。喵——」

「不要學商羊舞……」我沉思着重複了一句，然後，輕輕地晃了晃頭，「那我乾脆不要去見她算了。」

「那可不成！」梨花說，「商羊要是生起氣來，會讓大雨淹掉故宮的。你不是答應送她響板嗎？那就把響板送過去。只要不學商羊舞，甚麼壞事也不會發生。喵——」

我點點頭，屏住呼吸走進慈寧宮花園。快到大梧桐樹附近時，我的心怦怦地跳了起來。要沉住氣，沉住氣啊，我暗暗告訴自己。

商羊就站在那裏，微笑地看着我。

「響板……給你帶來了。」我伸出手。

商羊接過我手裏的袋子，拿出響板，笑得更開心了：「這麼漂亮的響板，一定很貴吧？」

我擺擺手說：「沒多少錢，別客氣。」

商羊眨了眨眼睛，說：「我沒有錢給你，不過作為回報，我教你跳商羊舞，怎麼樣？」

商羊舞？

我倒吸了一口冷氣，梨花說的事情，果然發生了。

「不，不用！」我使勁搖頭，「我特別笨，學不會的。」

「沒關係，很簡單。」商羊輕輕地說，「學會了這個舞蹈，你想甚麼時候下雨，就可以甚麼時候下雨，不好嗎？」

我有點兒動心了，聽起來商羊舞也算是一種魔法吧。

「來吧！」商羊呼喚着我，「我們一起跳。」

說着，她打起手裏的響板來。

「喀嗒、喀嗒、喀喀嗒……」

我的腿瞬間變得像木偶一樣，被一股魔力牽動着，跳起舞來了。

「不行啊，不能跳舞啊！」

這樣想着，我卻管不住自己的腿。

轟隆隆！

一陣響亮的雷聲過後，大雨傾盆而至。商羊的身後又出現了魔幻的藍光。

「喀嗒、喀嗒、喀喀嗒……」

藍光越來越亮了。

「喀嗒、喀嗒、喀喀嗒……」

商羊變成獨足鳥了。

「喀嗒、喀嗒、喀喀嗒……」

我的身體也變輕了。

「喀嗒、喀嗒、喀喀嗒……」

啊！壞了，我覺得我要變成鳥了……

就在這個時候，一聲尖銳的貓叫聲壓過了響板的聲音。我一下子清醒過來，卻發現雙腿沉得像失去了知覺，我一下子癱倒在地上。

梨花撲過來，守在我身邊。

而商羊，已經展開寬大的翅膀，飛上了天空。

「再見了！」她說，「謝謝你的響板！」

我坐在地上，好半天都爬不起來。

「好危險，商羊差點兒把我變成鳥呢……」

商羊舞

　　梨花鬆了口氣說：「商羊這個怪獸雖說很善良，又能帶來雨水，但是她實在太愛交朋友了，碰到喜歡的人就想帶走一起生活。所以幾千年前，人們把她轟回了北海之濱，只是在乾旱的季節，有巫師會模仿她的樣子跳起商羊舞，祈求雨水的到來。喵——」

　　真沒想到，這麼一個獨腿的小姑娘，居然是怪獸變的！

　　我歎了口氣，慶幸自己沒有被變成鳥。

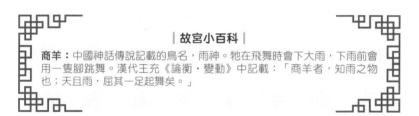

| 故宮小百科 |

商羊：中國神話傳說記載的鳥名，雨神。牠在飛舞時會下大雨，下雨前會用一隻腳跳舞。漢代王充《論衡・變動》中記載：「商羊者，知雨之物也；天且雨，屈其一足起舞矣。」

9
紅色的鳥

我已經連續兩天晚上夢到那隻鳥了。

就在前天，楊永樂飛跑着來告訴我，故宮東華門看門的大爺逮住了一隻紅色的鳥。

我好奇地跑去看，那真是一隻格外美麗的鳥，身上的羽毛紅得就像血色的夕陽。

「這是甚麼鳥呢？」我問。

看門大爺搖搖頭說：「連着問了好幾個人，都不知道是甚麼鳥。剛才還有一位文物專家說這是很少見的鳥，建議我把他送到動物園或者研究所去。」

我輕輕地碰了一下長長的鳥尾巴，紅鳥的羽毛摸上去

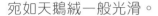

宛如天鵝絨一般光滑。

「他會不會是赤烏呢？」楊永樂托着下巴自言自語。

「你是說那隻傳說中的瑞鳥？喵——」野貓梨花也來了。她脖子上掛着小相機，看來這隻「貓仔」是來採訪的。

楊永樂點點頭說：「據說，赤烏就是紅色羽毛的烏鴉。你看他的樣子是不是和烏鴉差不多？」

梨花利索地「喀嚓、喀嚓」拍了兩張照片。

「的確有些像。喵——」她說，「不過上次看到赤烏，應該還是大約一千八百年前的三國時期吧？」

楊永樂回答：「是的。赤壁之戰時，因為東吳的士兵不知道大戰的結果，只能焦急地等待。有一天傍晚，大將軍程普出門時，看見一羣赤烏從頭上飛過，非常高興，命令手下的士兵準備慶功宴。其他人都覺得很奇怪，程普解釋說，赤烏出現，這場仗肯定贏了。果然，沒過幾天，赤壁之戰勝利的消息就傳來了。還有，東吳皇帝孫權的其中一個年號就是『赤烏』，據說是因為他曾經親眼看到一羣紅色的烏鴉聚集在宮殿，認為是吉祥的徵兆。」

「那是因為從前周武王討伐紂王的時候，就曾看見過赤烏，後來真的打敗紂王奪得了天下。孫權那個時候也想像周武王一樣奪得天下吧。喵——」梨花一邊搭話，一邊在自己的小本子上記錄着甚麼。

「要是能叫兩聲就好了，一聽叫聲就知道是不是烏鴉了。」楊永樂碰碰鳥嘴，鳥一歪頭躲開了。

「叫一下，叫一下啊！」他嘟囔着。

但紅色的鳥始終緊閉着長長的嘴，一聲也不出。

「我怎麼不覺得這隻鳥是象徵勝利的鳥……」我盯着紅色的鳥仔細看，他的眼神看起來好淒涼啊。

「現在只是猜測。」隨後，楊永樂對看門大爺說，「楊爺爺，還是應該找動物專家來看看。」

看門大爺點點頭：「我一會兒就打個電話試試看。」

那天晚上回來睡覺時，我就做夢了。夢裏是那隻紅色的鳥。他看着我，不停地說：「救救我！救救我吧！」那聲音就像嘶啞的風聲一般。我醒來後，發現自己出了一身汗。

第二天放學的時候，我故意繞道去看那隻鳥，他的眼神還是那麼淒涼，我都不忍去看那雙眼睛。

當天晚上，我又做了同樣的夢。

透過窗簾的縫隙，我看到有一顆星閃爍了一下，夜已經深了。我擦了擦頭上的汗，翻身爬起來，穿上外衣和拖鞋朝東華門走去。

紅色的鳥被關在傳達室門口的鳥籠裏，聽說明天一早就會有動物專家來把他接走。我走過去，看到他似乎比白天更加鮮豔了，像一團紅色的火苗。

「是你託夢給我的吧？」我小聲問。

紅色的鳥看着我，大滴大滴的眼淚從眼眶裏流了出來。他哭了，無聲地哭了。

鳥也會流眼淚嗎？我聽媽媽說，耕了很多年地的老黃牛，會在被宰殺的一刻流出眼淚。

難道這隻鳥覺得自己要死了嗎？

我連大氣也不敢喘，只是看着他。好可憐啊！

「別哭！我現在就放了你。」

天還沒亮，四處黑洞洞的，看不到一個人。

我從牆角搬來幾塊磚頭墊在腳下，伸手把鳥籠從樹枝上摘了下來。然後，拎着鳥籠，放輕腳步朝西邊走去。

等到跟東華門有了一段比較遠的距離後，我開始在滿是樹影的路上狂奔起來。

我一邊小心地保持着鳥籠的平衡，一邊迎着漸漸落下的月亮朝御花園跑去，一口氣衝進了竹林裏。

鳥籠上的鎖並沒有鎖牢，只是象徵性地掛在那裏。我摘下鐵鎖，打開籠門，對紅色的鳥說：「快飛吧，飛到天空中去吧，千萬不要再被人抓到了！」

紅色的鳥從籠子裏探出頭望了望，一扇翅膀，就「呼啦、呼啦」地飛上了竹梢。他停在那裏，低頭看着我。

「謝謝你救了我，我會報答你的。」紅色的鳥居然說話

紅色的鳥

了，聲音和我在夢裏聽到的聲音一模一樣。

「報答我？」我吃驚地看着他。

紅色的鳥清楚地說：「是的。你的朋友猜得沒錯，我就是傳說中的赤烏。雖然我不如其他神獸那麼厲害，卻也有自己的魔力。作為報答，我會幫你實現三個願望。」

實現願望？我驚呆了。

我想起之前大怪獸麒麟也幫我實現過願望，不過那次只有一個願望，這次卻可以實現三個願望！

看我愣在那裏，赤烏把頭埋在翅膀下，像在整理羽毛一樣，當頭再伸出來時，他的嘴裏已經多了三根紅色的羽毛。

他「呼」地飛下來，把羽毛放在我的手心裏，平靜地說：「雖然說是可以幫你實現願望，但我並不是甚麼願望都能幫你實現。只有和天空有關的願望，我才能做得到。」

「和天空有關的願望……」那是甚麼樣的願望呢？我思索着。

赤烏點點頭說：「只要你有了和天空有關的願望，就把一根羽毛扔到半空中，叫我的名字。那樣，無論我在甚麼地方，我都會飛過來。到時候，你只要說出你的願望就行了。不過要記住，一定要在有風的日子做這件事。」

說完，赤烏張開翅膀準備飛走。

就在這時，我突然想到了甚麼，猛地抽出一根羽毛說：「我可以現在就實現一個願望嗎？」

赤烏收回翅膀，有點兒吃驚地看着我：「你這麼快就想好願望了嗎？」

我點點頭：「對！和天空有關的願望。」

「是甚麼呢？」

「讓我在天空中看朝霞吧！」我說，「我想知道，在天上看到的朝霞和從地面上仰起頭看到的朝霞有甚麼不同。」

紅色的鳥

赤烏靜靜地問：「就這樣？」

「就這樣。」

「那就走吧。」

說着，他扇動翅膀飛到了半空中。他的翅膀越扇越快，居然扇出了一股旋風。

旋風一下子就把我捲到了半空，接着，我像能在空中遨遊一樣，飛了起來。難道我也變成鳥了嗎？

我跟着赤烏，在乳白色的晨靄中飛啊飛。不遠的前方，天空中閃出了暖暖的紅色。

一開始像紅色的絲帶，然後，像是飄搖的圍巾，到最後，紅色蔓延開來，天空就變成了玫瑰色的布一般。

「真好看啊！」我讚歎着，在天空中看到的朝霞果然更漂亮呢！

我想向朝霞飛去，赤烏卻搖搖頭：「願望實現，你該回去了。」

「可我還沒看夠⋯⋯」話還沒說完，風就從我的背上掠了過去。

也就是在這個時候，我看見了自己的腳正踩在御花園的草地上。原來我已經從天空中落下來了。

赤烏猛地往上一衝，回到天空中去了。

我一個人呆呆地佇立在早晨的竹林裏。

雖然看到了那麼漂亮的朝霞，我卻有點兒後悔了。

應該提出更有用的願望才對，我想，在半空中看朝霞這種事情，天馬應該也能幫我做到。

但是，甚麼才是更有用的願望呢？這可要好好想想。

這之後過了兩三天，上課的時候，我不小心把身後課桌上的鉛筆盒碰掉了。金屬鉛筆盒「咣噹」一下，被磕癟了一個角。

「真討厭！醜八怪！」後面的男生惡狠狠地說。

他叫侯思成，是班裏最淘氣的孩子，「醜八怪」是他給我起的外號。

我一下傷心起來，我已經十一歲了，雖然長得不漂亮，但也算不上醜八怪啊！他為甚麼老這樣叫我呢？

要是能變漂亮就好了！如果能像我旁邊的趙亦陽那樣，有一雙漂亮、閃亮的大眼睛，誰也不會叫我醜八怪了吧？

對了！這不就是有用的願望嗎？

那天正是一個有風的日子。於是，一放學，我就選了個沒人的地方，把羽毛扔到半空，然後試着輕輕呼喚起來：「赤烏……赤烏……」

我屏住呼吸，一動不動地等着。沒多久，天空中就飛來了一隻紅色的大鳥，彷彿一道紅色的閃電。

「你想好第二個願望了？」

我想都沒想就說出了願望：「我想讓我的眼睛如同天上的星星般閃耀！」

　　「明白了。」赤烏平靜地說，「你回家去吧，照照鏡子，你就會發現自己擁有像星星一樣漂亮的眼睛了。」

　　我大叫了一聲「謝謝」，就蹦蹦跳跳地回到家。太棒了！我馬上要變成和趙亦陽一樣漂亮的女孩子了。

　　回到家，我連書包都沒顧得上放下來，就衝到了鏡子前面。我的眼睛真的變漂亮了，就像晴朗夜空中的星星，閃着耀眼的光芒。我看着鏡子裏的自己，心裏「撲通、撲通」跳得厲害。

　　下樓玩的時候，鄰居老奶奶說：「李小雨這孩子最近變漂亮了呢。」

　　晚飯的時候，媽媽看着我說：「小雨的眼睛現在看起來像媽媽的呢。」

　　啊！變漂亮真好！我的心裏熱乎乎的。

　　可是，侯思成似乎沒發現。他還是喜歡叫我「醜八怪」，無論我怎麼拿漂亮的眼睛瞪他，他都跟看不見似的。

　　學校裏的生活也沒有因為我變漂亮的眼睛而改變：語文單元測驗我仍然只得了七十五分；體育課上百米賽跑，我還是沒有達標；學校升旗手的抽籤也沒有抽中我。

　　原來，光是眼睛變漂亮也沒用啊，我更需要的應該是

幸運吧。

幾天後，在語文課上老師教我們一首關於黃昏的古詩。

「夕照紅於燒，晴空碧勝藍。」

老師說，黃昏時的夕陽會把一切映成紅色，古人認為看見這樣的晚霞就會有幸運的事發生。

「幸運的事」……老師的話，點亮了我的心。

如果看到紅色的晚霞就會有幸運的事發生，那如果得到一片紅色的晚霞，會不會幸運一輩子呢？

我悄悄地從書包裏把最後一根紅色的羽毛拿了出來。

放學時，天還是亮的，太陽紅彤彤的，像個熟透了的大柿子。

我一口氣跑到御花園，迎風把手中的羽毛高高一拋。

「赤烏！赤烏！」

紅色的羽毛在風中旋轉起來，藍色的天空中，赤烏一下子飛了過來。

「想好第三個願望了？」

我一邊喘着氣一邊點頭：「對，和天空有關的。」

「是甚麼呢？」

「我想要一片幸運的晚霞。」

赤烏用黑白分明的眼睛目不轉睛地看着我。

我接着說：「聽說看到紅色的晚霞就會有幸運的事情發

生，我不想只是看到，而是想擁有一片幸運的晚霞。」

赤烏一動不動，過了一會兒，才輕輕歎了一口氣說：「既然你這樣想，那就滿足你吧。」

「謝謝！」我開心極了。把一片晚霞拿在手裏會是甚麼感覺呢？

就在那一瞬間，赤烏突然衝向天空，然後朝我面前的池塘裏猛地一扎。

我不禁嚇了一跳，趕緊跑過去看，水裏的波紋正一圈圈擴散開，池塘裏的赤烏宛如一塊紅色的布。我伸手去拉，卻甚麼也沒抓到，池塘裏只有一片晚霞的影子。

等我緩過神來，發現天空中已經佈滿了美麗的晚霞，就像赤烏身上紅色的羽毛。

我一下子明白了，原來赤烏就是一片紅色的晚霞啊。

「喂，小心點！」

我的身後傳來了一陣腳步聲。

我扭頭一看，是幾個叔叔正扛着古代皇帝出行時舉的旗子穿過御花園。

青龍旗、白澤旗、黃羆旗、鳴鳶旗……

咦？那不是赤烏嗎？

那隻顏色火紅的鳥正在黃色的旗幟上展翅飄揚，恰像一團火紅的晚霞。

紅色的鳥

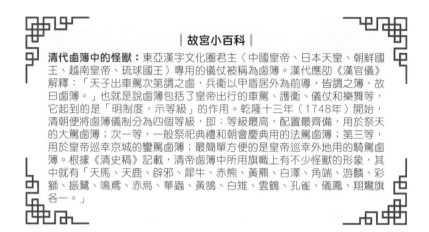

故宮小百科

清代鹵簿中的怪獸：東亞漢字文化圈君主（中國皇帝、日本天皇、朝鮮國王、越南皇帝、琉球國王）專用的儀仗被稱為鹵簿。漢代應劭《漢官儀》解釋：「天子出車駕次第謂之鹵，兵衞以甲盾居外為前導，皆謂之簿，故曰鹵簿。」也就是說鹵簿包括了皇帝出行的車駕、護衞、儀仗和樂舞等，它起到的是「明制度，示等級」的作用。乾隆十三年（1748年）開始，清朝便將鹵簿儀制分為四個等級，即：等級最高，配置最齊備，用於祭天的大駕鹵簿；次一等，一般祭祀典禮和朝會慶典用的法駕鹵簿；第三等，用於皇帝巡幸京城的鑾駕鹵簿；最簡單方便的是皇帝巡幸外地用的騎駕鹵簿。根據《清史稿》記載，清帝鹵簿中所用旗幟上有不少怪獸的形象，其中就有「天馬、天鹿、辟邪、犀牛、赤熊、黃羆、白澤、角端、游麟、彩獅、振鷺、鳴鳶、赤烏、華蟲、黃鵠、白雉、雲鶴、孔雀、儀鳳、翔鸞旗各一。」

10
梵宗樓的老虎

　　乾清宮月台旁邊的路燈不停地閃爍着，光芒從橙色變成了紅色，看來要換燈泡了。野貓梨花輕輕打了個哈欠，說：「今天就講到這裏吧。喵——」

　　她身邊幾隻今年才出生的小野貓可不願意：「梨花，梨花，你講的都是真的嗎？你的祖先真的是白老虎？喵——」

　　梨花得意地笑了：「他可不是一般的白老虎，他是白虎，是和青龍、朱雀、玄武並稱為『四靈』的聖獸，血統絕對高貴。喵——」

　　「白虎比老虎厲害嗎？喵——」

　　梨花歪着嘴冷笑說：「老虎算甚麼？白虎就算碰到獅

子，也能一口吞到肚子裏。喵——」說着，她張大嘴巴，「嗷」的一聲，那兇狠的樣子還真有點兒像白虎。

「哇！」小野貓們的眼睛瞪得老大。

「好啦，好啦！」梨花故作高深地揮揮爪子，「太晚了，都趕緊回家吧。等我有時間了再給你們講故事。」

說完，她輕輕一跳，「唰」地跳出了老虎洞。

這裏雖然叫「老虎洞」，其實不過是乾清宮前丹陛御道下的一條黑暗的通道而已。

這裏從來沒出現過老虎，古代時經過這條通道的一般都是宮女、太監，還有運送物品的苦力。除了可以人行通過，老虎洞還可以用於排水，以保證它上面的丹陛御道不會被雨水淹沒。

儘管用途遠沒有它的名字威風，但老虎洞卻是個講故事的好地方，又安靜，又隱蔽，絕不會有人打擾。所以這裏經常聚集着一些喜歡講故事、聽故事的小動物。

梨花甩着尾巴消失在了黑暗中，幾隻小野貓跟着陸續從老虎洞裏爬出來。

月光靜靜地灑落，白玉丹陛御道看起來就像是一片銀色的海洋，一個巨大的黑影映在上面，小野貓覺得奇怪，就朝圍欄那邊走了兩三步。

「哎喲！媽呀！」

圍欄後面，一隻活生生的老虎正路過那裏！

老虎朝他們看了一眼，小野貓們被嚇得呼吸都快停止了，其中一隻小黃貓甚至當場嚇得暈了過去。

老虎齜了齜牙，就像影子般消失在黑夜裏。

故宮裏出現老虎的事情，第二天一早就傳開了。

先是幾隻小野貓的父母——大野貓們見人就說。緊接着，多嘴的喜鵲們很快就把這件事昭告天下了。

「是一隻特別強壯的老虎，那樣子別提多可怕了。」

「金黃色的毛，黑色的斑紋，個頭兒比電視裏的老虎還要大。」

…………

傳着傳着，說法就變得越來越離譜：

「聽說是從空中飛下來的……」

「那隻老虎的眼睛能放電。」

「牙齒是紅色的，還沾着血呢。」

…………

我聽了這些話，「撲哧」一聲，忍不住笑了出來。

我問身邊的梨花：「你看見那隻老虎了嗎？」

梨花搖搖頭：「故宮裏根本沒有甚麼老虎，那幾隻小奶貓肯定看錯了。喵——」

「就算有老虎你也不會害怕吧？你不是白虎的後代

嗎？」我故意說。

梨花沒說話，過了一會兒才嘟囔道：「哪來的甚麼老虎？聽都沒聽說過。一定是南三所那隻大黃貓，在燈光下被看成老虎了。喵——」

我點點頭，梨花說的不是沒有道理。燈光很容易把東西放大好多，何況，南三所那隻虎斑貓的個頭兒要比其他野貓大兩倍。

可是，就在那天晚上，月亮剛剛升到半空的時候，梨花就慌裏慌張地敲響了我媽媽辦公室的窗戶。

「老虎……老虎……被逮住了！喵——」

她眼睛睜得老大，身上的毛都豎了起來，白天時的穩當勁兒一點兒都沒有了。

我吃驚地問：「逮住了？你逮住的？」

「沒時間取笑我了。」她回答，「大家等着你去幫忙呢！喵——」

我愣了一下：「我能幫甚麼忙？」

「到那裏就知道了，快跟我走吧！喵——」梨花不斷地用頭拱我，這可是她平時很少有的動作。

我跟着她一路跑到乾清宮的月台前，遠遠地就看見一個巨大的黑影。啊！那不是怪獸狻猊嗎？

狻猊站在月光下，身後長長的鬃毛像飄揚的旗幟。他

比獅爪還大十倍的巨爪下，踩着一隻憤怒的老虎。

「放開我！」老虎大聲吼叫着，「你們這是在謀殺！」

「謀殺？那都是低等動物的行為。只要你不亂動亂咬，我保證不傷害你。」猰㺄平靜地回答。

「為甚麼要抓我？我並沒有冒犯你。」老虎一點兒都不平靜，他氣得渾身發抖。

猰㺄點着頭說：「沒錯，你沒有冒犯我。不過，你出現在了你不該出現的地方。」

「不該出現？我就住在這裏！」老虎的聲音更大了。

猰㺄冷笑了一下，說：「我守護故宮那麼多年，從沒看到過老虎。」

「我不經常出門⋯⋯」

「是嗎？」顯然，猰㺄不相信。

「真的，我已經在故宮裏住了近三百年了。」

猰㺄繼續冷笑：「住在這裏三百年的怪獸，我不可能不認識。」

「我不是一般的怪獸。」老虎壓低聲音說，「我是神的守衛，不能像你們一樣到處亂跑。」

「神的守衛？」猰㺄斜着眼睛看了看他，「那你應該住在中正殿附近。我對那邊很熟悉。」

老虎挑起眉毛：「但是你一定沒有進過梵宗樓。」

「梵宗樓？你住在那裏？」猰㺄露出吃驚的表情，「那裏已經被鎖了上百年了。哪怕一百多年前開放的時候，也只有皇帝和他最相信的人才能進去祭拜。」

老虎從猰㺄放鬆了的爪子下面爬出來，舔了舔身上的毛，然後用相當傲慢的口氣說：「沒錯，我就住在那裏。」

聽到這句話，站在旁邊的我和梨花都吃了一驚。梵宗樓是雨花閣西北角上一座不起眼的二層小樓，那裏一年到頭大門上都掛着一把大鐵鎖，從沒見過有人出入那裏。

和別的佛堂不同，梵宗樓裏的藏品從來沒有到任何地方展出過，所以很少有人知道那裏面的樣子。聽說，梵宗樓是對乾隆皇帝很重要的佛樓，裏面供奉的是文殊菩薩，而乾隆皇帝一直被認為是文殊菩薩轉世。

猰㺄眯起眼睛說：「你以為我會相信嗎？」

老虎一挺胸說：「你要是以為我在說謊，那就去親眼看一看。」

猰㺄不甘示弱地說：「走，那就去看一看！不過，你最好不要趁機逃跑。」

「我為甚麼要逃跑？」老虎不服氣地說。

猰㺄把我和梨花招呼到身邊，說：「那麼，你給我們帶路吧。」

這下，老虎露出了為難的表情，說：「這麼多人的話，

可就難辦了。」

「人多也好有個驗證，我把李小雨請來，是因為她是個很正直的孩子，可以證明我沒有冤枉你。」狻猊說。

「話是這麼說，可是人多難免會碰壞東西。」老虎說。

「我們保證甚麼都不碰。」我連忙說。我可不想錯過進入梵宗樓的機會，那麼神祕的地方，這輩子可能都沒機會去第二次。

「那好，」老虎眨着眼說，「現在請跟着我走吧。」

我們跟在老虎後面，走出乾清宮的院子。

這個夜晚月亮特別明亮，故宮裏只有風的聲音。

我和狻猊、梨花排成一排，「啪嗒、啪嗒」地走在隱約可見的白色道路上。老虎走在前面，一點兒腳步聲都沒有發出。

離開了後宮，我們進入威嚴的前朝區域。一座座宮殿宛若一個個屏住呼吸的巨大生物，靜靜地矗立着。

我們來到梵宗樓前，那裏的門上掛着結實的大銅鎖，卻被老虎輕易地頂開了。

「甚麼都不要碰啊！」進門前，老虎又囑咐了一次。

我們一邊點頭一邊走進梵宗樓。

一樓的佛堂不大，大約只有三個房間那麼大，比供奉九蓮菩薩的英華殿小多了。紅色的供桌上供奉了六尊形

梵宗樓的老虎

145

態、大小不同的文殊菩薩佛像，佛像前擺滿了佛塔、佛壇、珊瑚樹和各種貢品，牆壁上掛着金絲織成的佛像畫像，和故宮裏的其他佛堂相比，看不出這裏有甚麼特別，只是，這裏所有的地方都落着厚厚的灰塵。

「真不明白你有甚麼可擔心的，這裏不是很寬敞嗎？我們根本不可能碰到甚麼。喵——」梨花仔細看着那些佛像和畫像，嘴裏還嘟嚷着，「我怎麼會忘帶相機呢？我要寫一篇《梵宗樓大揭祕》的新聞，把看到的一切都寫下來，一定會受到大家歡迎。」

說着，她輕輕摸了摸旁邊金光閃閃的佛壇，沒想到突然就像被電擊了一樣，她飛快地收回了爪子。藍色的火星在佛壇上飛濺，直濺到了牆壁上。

「不要碰！」老虎推開梨花，梨花一個跟頭撞到牆上的一幅畫像上，畫像立刻散出一股黃煙，我咳嗽起來。

「咳咳……」我捂住嘴。

煙霧更濃了，佛堂裏煙霧瀰漫。我趴到地上，梨花的眼睛已經睜不開了，狻猊不知所措，只有老虎，努力地爬到畫像前，叩拜一番後，又胡亂地在畫上按了一通。

忽然間，我感覺到一股涼風吹來。我使勁揉了揉正在流淚的眼睛，抬頭望去。黃煙已經被老虎驅散，狻猊撞開了大門，涼爽的晚風吹散了佛堂裏刺鼻的黃霧，終於可以

正常呼吸了。

「這是甚麼玩意兒？喵——」梨花滿臉眼淚。

「你用你的髒爪子碰了無量壽佛的壇城。」老虎生氣地說，「那點火花不過是佛祖對你的警告。但是你又撞到了雄威法帝護法的畫像，他可沒有那麼好的脾氣，恐怕是他一生氣打開了地獄之門，剛才那些黃煙是地獄的空氣。」

「這可不太妙。喵——」

梨花害怕地看着雄威法帝護法的畫像，不停地行禮。

「好了。」老虎接着問，「你們還要上樓嗎？」

「上樓？」我身上的汗毛都立起來了。剛才經歷的事情讓我明白，這裏不是一般的佛堂，到處都佈滿了危險的機關，我們隨時都有可能沒命。

「我想……」我剛打算拒絕，卻被怪獸獒猊打斷了。

「要上去。」他說，「我們來這裏是為了證明你的身份，在沒有完成任務前，我們不會離開這裏。」

老虎歎了口氣，說：「那就走吧，不過千萬記住，甚麼都別碰。」說着，他邁上了樓梯。

樓梯上鋪着厚厚的棕色地毯，老虎走在前面，獒猊跟在他身後，我和梨花哆哆嗦嗦地走在最後面。

二樓和一樓完全不一樣。它的正中間供奉着大威德金剛。這個金剛是藏傳佛教中最威猛的神，具有巨大的神

力，他有九個頭、九面臉、三十四條手臂、十六條腿，每個頭有三隻眼。最上面的頭長有文殊菩薩臉，居中的頭長有水牛臉和兩隻牛角，其餘的七張臉都露着長長的獠牙，可怕極了。

傳說大威德金剛可以降服所有的妖魔鬼怪，經常被人當作戰神供奉。他的旁邊掛着各種野獸皮做成的旗子——豹皮旗、虎皮旗、狼皮旗、貂皮旗，狐狸皮旗……整個房間瀰漫着恐怖的氣氛。

老虎揚揚下巴說：「那就是我的位置。」

我們順着他指的方向望過去，只見佛像前有一隻木虎立在那裏，一雙眼睛睜得又圓又大，彷彿隨時會跳起來。這隻木虎和我們身邊的老虎簡直一模一樣。

「你是一隻木虎？」猰㺄問。

老虎點點頭說：「是的，我是戰神大威德金剛的守護神獸，保護金剛和供奉在這裏的皇帝的戰袍。」

他指向另一側，那裏的紅色木箱上，擺放着一件繡着金龍的黃袍和一身閃亮的盔甲。

猰㺄往前走了兩步，想看清佛像，就在這時，「嗖」的一聲，一支尖利的箭擦着他的耳朵飛過。這實在是太突然了，連勇猛無比的大怪獸猰㺄都被嚇了一跳。

「發生了甚麼事？」他站在那裏一動也不敢動。

老虎繞到他身後，悠悠地說：「你碰到了弓！」

「弓？這裏還有武器？喵——」梨花尖叫起來。

這時我們才發現，佛像的右側，一個紅色木架上擺着一把彩色的弓弩。

「這是乾隆皇帝用過的弓，上面一直繃着一支箭。」老虎說，「還好沒有射中你，這支箭相當鋒利。」

狻猊的額頭冒出了汗珠：「我想我們該走了。」

「你們相信我了？」老虎得意地問。

狻猊點點頭，客氣地說：「如果時間方便的話，希望你能出席怪獸們的聚會。」

老虎微微一笑說：「我會找機會的。不過，我就不送你們下樓了。走出這裏很簡單，還是那句話，甚麼也別碰。」

「我明白。」狻猊小心地轉過身，輕聲對我說，「你最好把兩隻手舉起來，小心不要碰到任何東西，直到走出梵宗樓為止，聽清楚了嗎？」

我哆嗦着點頭，雖然這幾天熱得要命，但是此刻我們都覺得冷得刺骨。我高舉着雙手，小心翼翼地走下樓梯，連牆壁都不敢碰一下，又花了好長時間躲避一樓擺設的貢品，好不容易才移到了大門前。

走出梵宗樓，大家都鬆了一口氣。有好幾分鐘，我們甚麼話都沒說，就站在那裏大口大口地呼吸着新鮮空氣。

「終於出來了。喵──」梨花癱倒在地上,「這個地方,我無論如何都不會再來了。」

「希望大家都吸取教訓。」狻猊說,「不要隨便闖入陌生的地方冒險,哪怕它表面上看起來很安全。」

「還有就是,要聽從別人的忠告。」我補充說。

我們不約而同地回頭看那個不起眼的二層小樓。

「怪不得它被鎖了這麼多年。喵──」梨花感歎道。

「你還要寫『梵宗樓大揭祕』的新聞嗎?」我問她。

「當然要寫!」梨花高聲說,「不過名字要改一改,改成『甚麼都不能碰的梵宗樓』。」

▌故宮小百科 ▌

梵宗樓:梵宗樓位於中正殿佛堂區,雨花閣西北,為一座倚牆而建的三開間卷棚歇山頂二層小樓。建於清乾隆三十三年(1768年)。傳說乾隆皇帝認為自己是文殊菩薩的化身,因此梵宗樓一樓供文殊菩薩青銅坐像,二樓供藏傳佛教中文殊菩薩的化身大威德金剛青銅像。這兩座雕像是清宮中最大的文殊造像與大威德造像。二樓陳設狼皮、貂皮、虎皮、黃狐狸皮、猞猁皮等多種獸皮扁幅;此外乾隆皇帝曾經使用過的弓箭、盔甲和腰刀也供奉在此。